ニュートン超図解新書

最強に面白い 物理

はじめに

「物理」という言葉に対して，「むずかしそうだ」と思っている人は，少なくないでしょう。でも，そんな印象で物理を敬遠していたとしたら，それは，とてももったいないことです。

物理とは，自然界のルールを探る学問です。たとえば，あなたの乗っている電車が急ブレーキをかけると，あなたは大きく前に倒れそうになるでしょう。これは「慣性の法則」というルールによる現象です。このように物理は，私たちの生活のあらゆる場面と関係しているのです。物理を知れば，世界を見る目がかわり，ふだんの生活がより楽しくなるはずです。

本書では，さまざまな現象にかかわる物理を“最強に”面白く紹介しています。むずかしい計算はいっさい必要ありません。一読すれば，物理のエッセンスがみるみる理解できるはずです。物理の世界を，どうぞお楽しみください！

ニュートン超図解新書

最強に面白い 物理

第1章 簡単な法則でわかる「物の動き」

第2章 大きな力を秘めた「空気」と「熱」

第3章 「波」がおこす不思議な現象

第4章 生活を支える「電気」と「磁気」

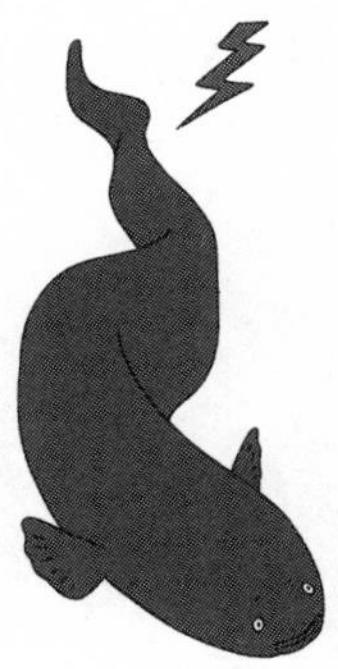

第5章
万物をつくる「原子」の正体

【本書の主な登場人物】

第1章

簡単な法則でわかる「物の動き」

地球をまわりつづける月，ピッチャーの投げたボール，氷上をすべるカーリングのストーン……。私たちの身のまわりの物体の運動はすべて，いくつかの単純なルールにもとづいています。第1章では，運動を支配するルールを，具体例とともに紹介していきます。

1 宇宙探査機ボイジャー1号は，燃料なしで進みつづける

動いている物体は，直進しつづける

まずは，さまざまな例をもとに運動に関する法則を見ていきましょう。何もない宇宙空間を飛んでいる宇宙船の燃料が，ついにつきてしまったとします。宇宙船は，いつか止まってしまうのでしょうか？

実は，宇宙船は止まることも曲がることもなく，同じ速さでまっすぐ永遠に進みつづけます。たとえば，1977年にロケットで打ち上げられたNASAの宇宙探査機「ボイジャー1号」「ボイジャー2号」は，現在でも，太陽系の外側へ向けて宇宙空間を航行しつづけています。動いている物体は本来，押されたり引っぱられたりしなくても，同じ速さで直進しつづけるのです（等速直線

1 進みつづけるボイジャー1号

1977年に打ち上げられたボイジャー1号は，今も太陽系の外に向かって，同じ速さでまっすぐ進みつづけています。このように，動いている物体は，力が加わらないかぎり同じ速度で進みつづけます。

運動）。これを「慣性の法則」といいます。

理想的な状況を考えることで，運動の本質が見える

慣性の法則は，あらゆる物体の運動に関する重要な3法則の一つであり，「運動の第一法則」とよばれています。私たちのふだんの生活の中では，摩擦力や空気抵抗などに邪魔されて，物体が動きつづける光景を見ることはないでしょう。しかし，宇宙空間のような理想的な状況を考えることで，物体の運動の本質が見えてくるのです。

ボイジャー1号は地球からもっとも遠くにある人工物となっています。

2 電車の中なら，時速200キロの剛速球も投げられる！

速度は見る人によってことなる

　ここでは，運動を理解するかなめである，速度について考えます。**重要なことは，同じ物体の運動でも，その速度は見る人によってちがうということです。**

　たとえば，時速100キロで右に進む電車の中で，電車の中の人から見て右に時速100キロでボールを投げると，電車の外で静止している人には，どう見えるでしょうか。静止した人からは，ボールの時速100キロと，電車の時速100キロを足し合わせた時速200キロに見えます。反対に，電車の中の人から見て左に時速100キロでボールを投げると，静止している人から見たボールの速度はゼロになります。つまり，単に真下に落下するだけに見えるのです。

物理学では「速度」と「速さ」を区別する

なお，物理学では，「速度」と「速さ」という言葉を区別して使います。「速度」は運動の向きも含めたもので，矢印（ベクトル）であらわします。一方「速さ」は，速度の大きさのみをあらわします。

2 速度の足し合わせ

電車の速度をV_1，電車の中の人から見たボールの速度をV_2とすると，地上で静止した人から見たボールの速度Vは「$V = V_1 + V_2$」で計算できます。

たとえば，南西の方向に時速100キロメートルといったら「速度」を意味し，時速100キロとだけいったら「速さ」を意味するんだメー。

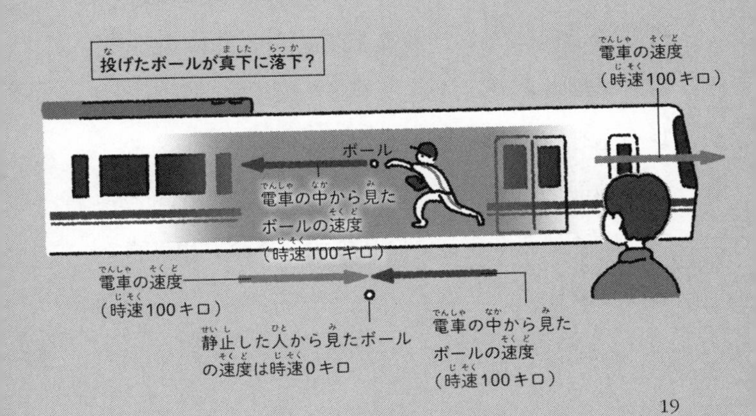

3 力がなければ，加速も減速もできない

タイヤが地面をけることで，自動車は加速する

力が加わっていない物体は，同じ速度で動きつづけます（慣性の法則）。では，力が加わるとどうなるでしょうか。自動車を例に考えてみます。止まっている自動車のアクセルをふむと，自動車は進みだし，どんどん加速していきます。**タイヤが地面をうしろに“ける”ことで，自動車には進行方向に力が加わります。この力によって，自動車はどんどん加速していくのです。**反対にブレーキをふむと，タイヤの回転が遅くなり，タイヤと地面の間にはたらく摩擦力が進行方向と逆向きにはたらくことになります。その結果，自動車は減速していきます。

力は物体の速度を変化させる

一定の力が加わっているとき，物体の速度は一定の変化をしつづけます。一定時間での速度の変化量のことを，「加速度」といいます。

もしハンドルを右に切ったら，右向きの力が加わり，自動車は右に曲がります。速度は速さに運動の向きを含めたものですから，スピードメーターの速さはかわらなくても，速度に変化はおきているのです。

このように，力とは，物体の速度を変化させるものだといえます。

3 加速する自動車

一定の力が加わった自動車を一定時間ごとにえがいています。自動車の速度は，同じペースで上がっていきます。

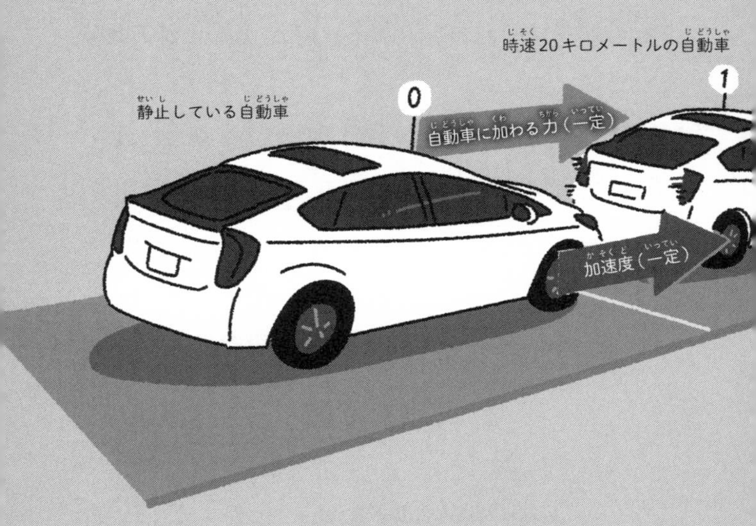

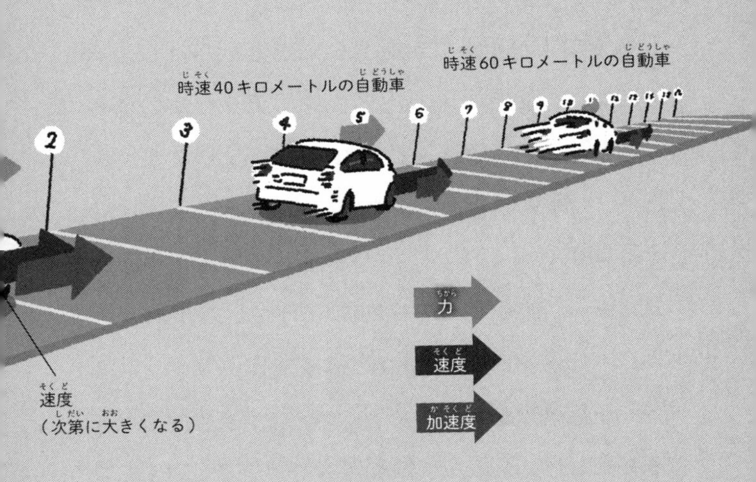
時速60キロメートルの自動車
時速40キロメートルの自動車
2
3
4
5
6
7
8
9
力
速度
加速度
速度
（次第に大きくなる）

4 無重力の宇宙でも，ばねを使って体重測定できる

物体に加わる力が大きいほど，加速度が大きくなる

　多くの人が乗った自動車は，ひとりだけしか乗っていないときとくらべて，同じアクセルの踏みこみ（同じ力）では，加速しづらくなります。これは，「重い物体（質量の大きな物体）ほど，加速度は小さくなる」ことを意味しています（反比例関係）。一方で，同じ物体に加わる力が大きいほど，加速度は大きくなります（比例関係）。**これらの関係をまとめると，「力（F）＝質量（m）×加速度（a）」という式がなりたちます。**この式は「運動方程式」とよばれ，運動に関する重要な3法則の二つ目，「運動の第二法則」にあたります。

4 軽い人は大きく加速

ちぢめられたばねの力を解放したとき，上に乗った人が軽ければ急激に加速し，重ければゆるやかに加速します。このときの力と加速度から，質量（上に乗った人の体重）がわかります。

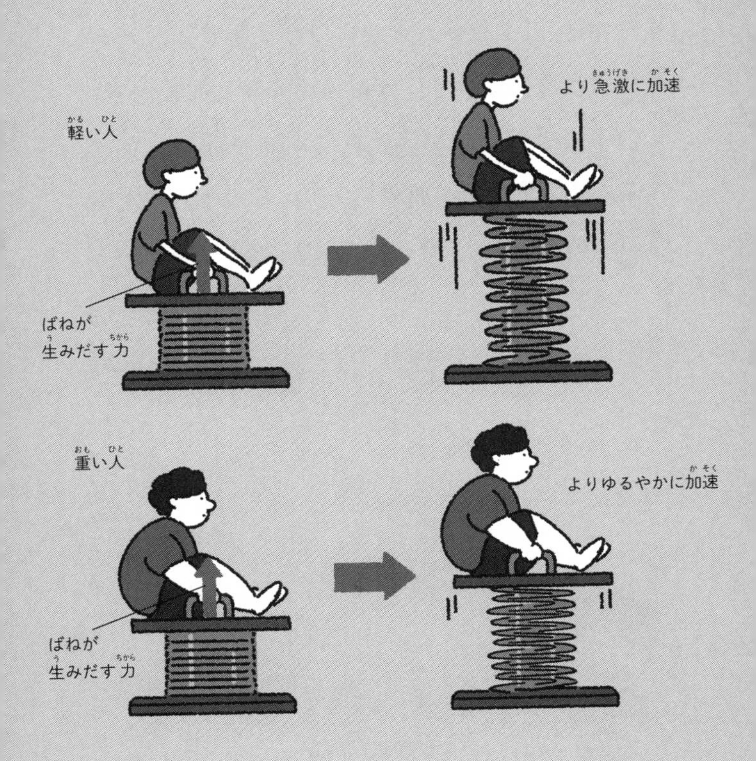

運動方程式を使って体重を測定

運動方程式は，無重力（微小重力）のＩＳＳ（国際宇宙ステーション）で，宇宙飛行士の体重測定にも使われています。ふわふわと浮かんでしまう宇宙では，通常の体重計は使えません。ちぢめたばねの上に乗り，ばねの力を解放したとき，その上に乗った人が軽ければより急激に，重ければよりゆるやかに加速します。このときのばねの力と加速度から，質量（体重）がわかるのです。

5 私たちは，地球を引っぱりつづけている

力を加えた側にも同じ大きさの力がはたらく

水泳選手は，壁を勢いよくけることで力強いターンを決めます。このとき，水泳選手は壁をけっているので，壁には力がかかります。しかし，水泳選手自身にも力が加わらなければ，水泳選手はターンができません（運動の速度をかえられない）。

実は，力を加えたときには必ず，その力とまったく同じ強さの反対向きの力が，力を加えた側にもはたらきます。これを，「作用・反作用の法則」といいます。水泳選手が壁をけると，けった力と同じ強さの力で，壁が水泳選手を押し返すのです。

はなれている物体にはたらく力にもなりたつ

作用・反作用の法則は「運動の第三法則」とよばれ，あらゆる力においてなりたちます。たとえば，スカイダイビングで，人を加速させているのは地球の重力です。

重力のような，はなれている物体にはたらく力にも，作用・反作用の法則はなりたちます。**つまり，スカイダイビングをする人が地球の重力にひっぱられて落ちているとき，地球もスカイダイビングをする人に引っぱられているのです。**

5 作用・反作用の法則

スカイダイビングをしている人にも，作用・反作用の法則はなりたちます。地球が人を引っぱる力（重力）と同じ大きさの力で，人も地球を引っぱっているのです。

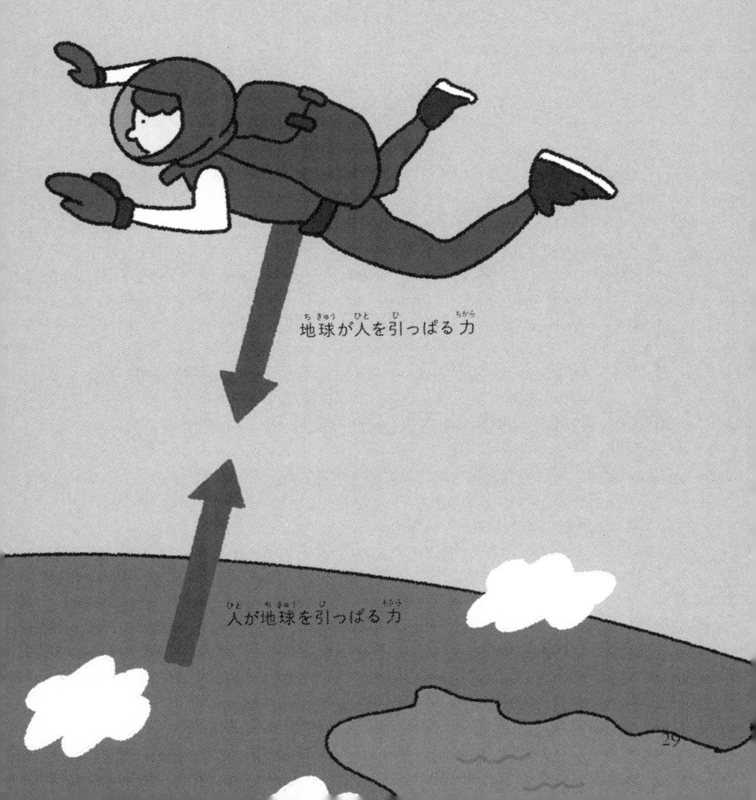

6 月が飛んでいかないのは，万有引力のおかげ

月は地球に引っぱられている

月は地球のまわりを秒速1キロメートルもの速度でまわりつづけています。それほど高速で動いているにもかかわらず，なぜ月は遠くへ飛んでいかないのでしょうか？

それは，地球と月が万有引力によっておたがいに引っぱりあっているおかげです。万有引力がなかったら，月は慣性の法則にしたがい，まっすぐに飛び去ってしまうでしょう。**しかし実際には，万有引力で月は地球に引っぱられているため，進行方向が曲げられています。**

6 月の円運動

もしも万有引力がなくなったら，月は慣性の法則にしたがってまっすぐ飛んでいきます。万有引力で地球に引っぱられているから地球に向かって落ちつづけ，円運動をつづけているのです。

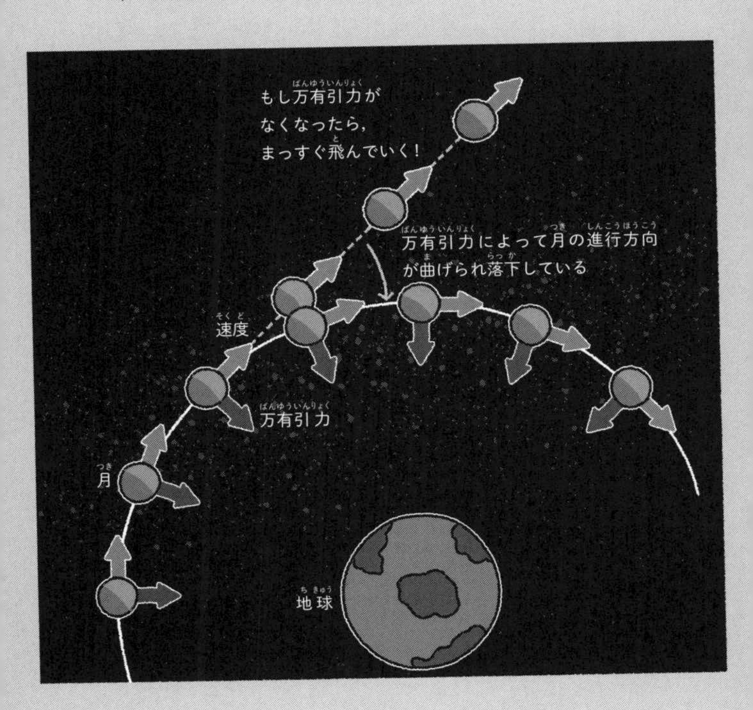

月は地球に向かって“落ちている”

慣性の法則にしたがった経路と実際の経路を比較すると，地球に向かって“落ちている”ともいえます。**万有引力で地球に引っぱられているからこそ，月は地球に向かって落ちつづけ，地球との距離をほぼ一定に保ちながら「円運動」をつづけられるのです。**

力が加われば，物体の速度が変化します。万有引力による月の速度の変化は，速さではなく向きの変化です。

月は45億年前に誕生してからずっと，地球の周りをぐるぐるまわり続けているんだメー。

memo

7 ボールを超高速で投げると，人工衛星になる

ボールは投げた瞬間から落下をはじめる

ボールをまっすぐ前に投げることを考えましょう。もし万有引力（重力）がはたらいていなければ，慣性の法則にしたがって，ボールは投げられたあと，まっすぐと前に進みつづけるはずです。しかし，実際は万有引力の影響で，ボールの軌跡はまっすぐのラインより下にきます。これを落下とすると，ボールは投げた瞬間から落下をはじめていることになります。

落下の幅と地面の降下幅が一致すると人工衛星に！

ボールの速さを上げていくと，地面に落下する

地点は遠ざかっていきます。地球は球ですから，地面は曲がっています。ボールからすると，地面が下がっていくわけです。球の速度をどんどん上げていくとついには，ボールの落下幅と，地面の降下幅が一致して，**ボールと地面の距離がちぢまらなくなります。**ボールは，地面から一定の距離を保ったまま，地球をまわりつづけます。つまり人工衛星になるのです（空気抵抗や地球の凹凸は無視しています）。**このときに必要な速度を「第1宇宙速度」といい，秒速約7.9キロメートルです。**

地球の重力を振り切って地球をあとにすることができる速度を「第2宇宙速度」といいます。さらに，太陽の重力も振り切って太陽系の外へ飛びだすことができる速度を「第3宇宙速度」といいます。

7 人工衛星になるには？

猛スピードでボールを投げると，どこまでいってもボールが地面に落下せず，そのまま地球をまわる人工衛星になります。

計算上，秒速約7.9キロメートル以上の速さでボールを投げると，人工衛星になるんだ。

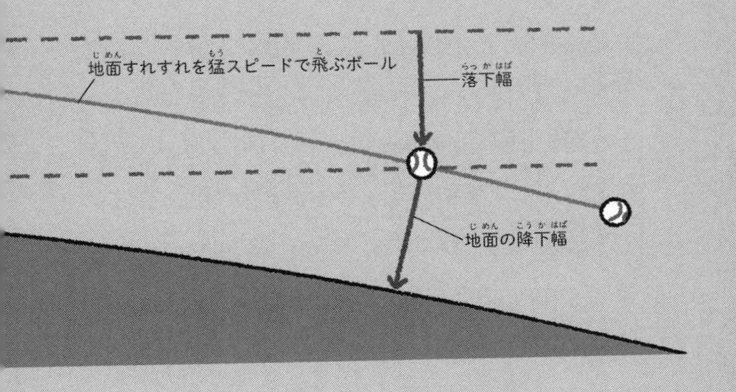

人工衛星のゴミが集まる「墓場軌道」

1957年のスプートニク1号以降，現代にいたるまで7000機以上の人工衛星が打ち上げられ，現在はおよそ3500機が地球の周囲をまわっています。それでは，役割を終えた人工衛星はどうなるのでしょうか。

地上300〜400キロメートルほどの比較的低い軌道を周回する人工衛星の場合，南太平洋の決まった地点に落とされます。しかし，もっと高い軌道をまわる人工衛星を地球の決まった地点に落とすのは技術的に困難です。そこで，運用中の人工衛星がいない，さらに高い軌道に送ります。この軌道は，上空4万キロメートルほどにあり，寿命をむかえた人工衛星が集まる「墓場軌道」といわれています。

ただし，燃料切れなどのせいで，実際に墓場軌道へと行けるのは，わずか3分の1ほどだといわれています。そのため，運用中の人工衛星の軌道には，墓場軌道に入れなかった“ゾンビ衛星”が数多く漂っており，人工衛星にぶつからないよう，地上から光学望遠鏡などで常に監視しています。

8 急ブレーキをかけると、「慣性力」で乗客が倒れる

急ブレーキのときには、力を受けたように感じる

バスに乗っているときに急ブレーキがかかると，進行方向に押されるような力を感じます。逆に急加速すると，進行方向とは反対方向への力を感じます。この力は「慣性力」とよばれるものです。

急ブレーキがかかると，バスは減速します。一方，乗客は，慣性の法則で，元の速度を保ったまま前に進もうとします。そのため，バスの中から見ると，乗客はあたかも前方に力（慣性力）を受けたように感じ，前につんのめるのです。

乗客には，力ははたらいていない

一方，外の静止した観測者から見ると，乗客は同じ速度を保とうとしているだけです。**つまり乗客に，前方に押すような力が実際にはたらいているわけではありません。**慣性力は，速度が変化している場所（この場合はバスの中）から見た場合にだけあらわれるみかけ上の力で，実在の力ではないのです。

慣性力は，速度変化のある場所から見た，すべての物体に作用します。バスの中の乗客だけでなく，網棚のカバンも，宙に浮いていた蚊も，そして空気さえも，慣性力を受けるのです。

急ブレーキがかかったとき，
押されたように感じるけど，
実在しない力だったんだね。

8 慣性力の正体

急加速中のバスでは，うしろむきに慣性力がはたらき，乗客はうしろに引っぱられます（1）。逆に急ブレーキ中のバスでは，慣性力が前向きにはたらき，乗客は前につんのめります（2）。速度の変化のないバスの中では，慣性力ははたらきません（3）。

1．急加速中のバスの中

2. 急ブレーキ中のバスの中

3. 等速直線運動するバスの中

9 はやぶさ2は，燃料をうしろに捨てて加速する！

運動の勢いは「質量×速度」で求められる

2018年6月，JAXAの探査機「はやぶさ2」が約3年半，30億キロメートルの航行を経て，小惑星リュウグウへと到着しました。空気も何も存在しない宇宙空間では，地面や空気を押して加速することはできません。はやぶさ2はどうやって加速しているのでしょうか。

はやぶさ2の加速は，「運動量保存の法則」で説明することができます。「運動量」とは，物体の「質量×速度」で求められる“運動の勢い”のことです。「外から力がはたらかない限り，運動量の合計はつねに一定」というのが，運動量保存の法則です。

9 イオンエンジンで加速

はやぶさ2は，イオンエンジンからガス状のキセノンイオンを噴射して減速と加速を行い，リュウグウの公転軌道と同じ軌道に入ることに成功しました。

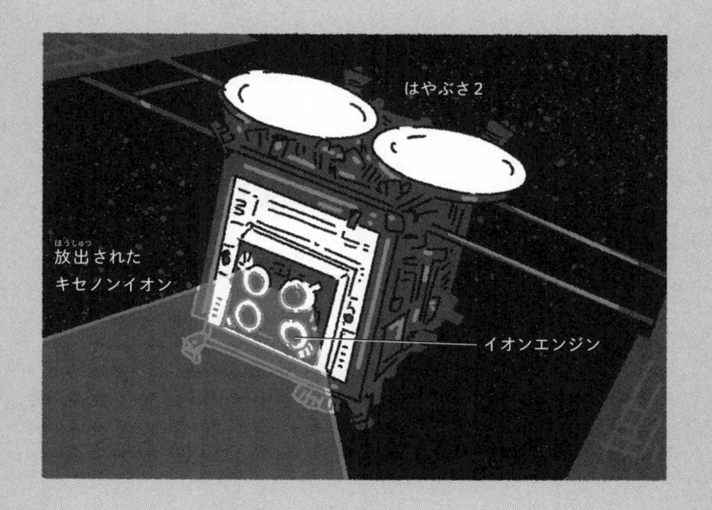

宇宙遊泳をする宇宙飛行士の移動にも，ガス噴射が利用されているメー。

燃料を放出すると逆向きの運動量が発生する

はやぶさ2は,「イオンエンジン」を搭載しており,加速するときには,このイオンエンジンで,ガス状のキセノンイオンをうしろ向きに放出します。キセノンイオンを放出した分だけうしろ向きの運動量が発生します。**すると,運動量保存の法則から,このうしろ向きの運動量の分だけ,はやぶさ2は前向きの運動量を得ることができるのです。**こうして獲得した運動量によって,はやぶさ2は加速します。

前向きの運動量とうしろ向きの運動量を合計すれば,プラスとマイナスが打ち消しあってゼロになります。つまり運動量の合計は変わらない,運動量は保存するのです。

10 「エネルギー」の合計は，ずっとかわらない

ボールは運動エネルギーと位置エネルギーをもつ

高台から同じ速さでテニスのサーブを打つとき，どの角度に打ちだすと，着地寸前の速度が最も速くなるでしょうか。実は，着地寸前のボールの速さはどれも，同じになります（空気抵抗は無視します）。**その理由は，ボールのもつ「エネルギー」にあります。エネルギーとは簡単にいうと，「物を動かすことができる潜在能力」のことです。**ボールは主に「運動エネルギー」と「位置エネルギー」という二種類のエネルギーをもちます。運動エネルギーはボールが速いほど大きくなり，位置エネルギーはボールが高い位置にあるほど大きくなります。

運動エネルギーが減ると位置エネルギーがふえる

たとえば斜め上に打ったボールは，次第に遅くなり「運動エネルギー」が減ります。しかしその分，より高い位置に上がり「位置エネルギー」がふえます。その結果，二つのエネルギーの総量は打った直後と同じになります。**このように二つのエネルギーの総量は，ボールがどの位置にあっても，どの角度に打ちだしても，つねに一定になるのです。**これを「力学的エネルギー保存の法則」といいます。着地寸前のボールは，すべて同じ高さにあるため，同じ位置エネルギーをもっています。すると，力学的エネルギー保存の法則から，着地寸前のボールは同じ運動エネルギーをもつことになり，同じ速さになります。

10 着地寸前のボールの速さ

同じ高さにあるボールは同じ位置エネルギーをもつので，力学的エネルギー保存の法則（エネルギーの合計は一定）によって，運動エネルギーも同じになります。したがって，着地寸前のボールの速さも同じになります。

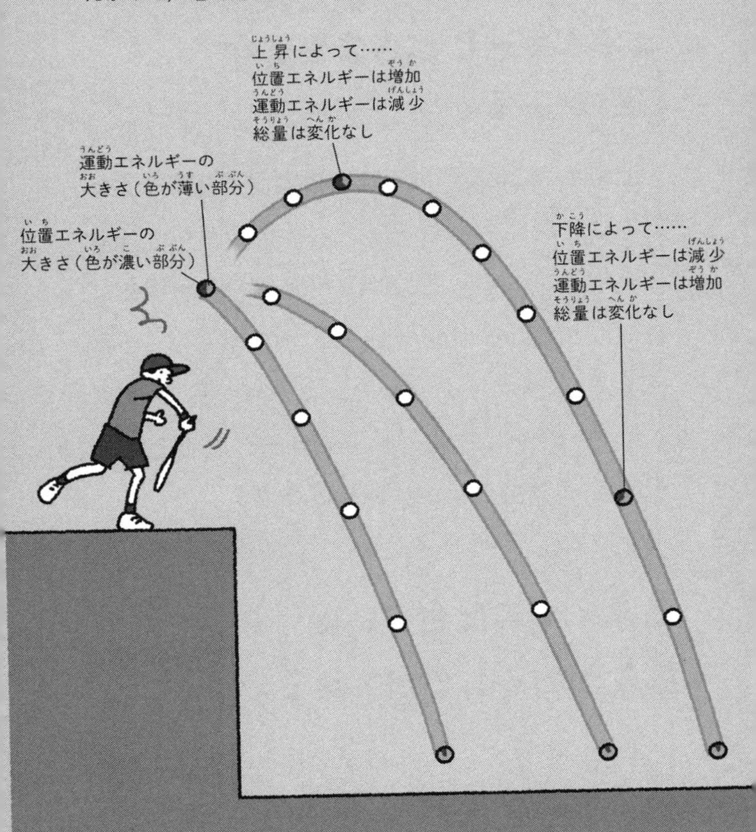

11 スピーカーは，電気エネルギーを音に変換

エネルギーにはさまざまな形態がある

エネルギーにはさまざまな形態があります。たとえば，熱エネルギー，光のエネルギー，音のエネルギー，化学エネルギー（原子や分子にたくわえられているエネルギー），核エネルギー（原子核にたくわえられているエネルギー），電気エネルギー，そして前のページで紹介した運動エネルギーと位置エネルギーなどです。

エネルギーはたがいに移りかわることができる

エネルギーはたがいに移りかわることができます。たとえば，太陽電池パネルは，太陽の光エ

11 エネルギーの変換

太陽電池パネルは，光のエネルギーを電気エネルギーに変換します。またスピーカーは，電気エネルギーを音のエネルギーに変換します。

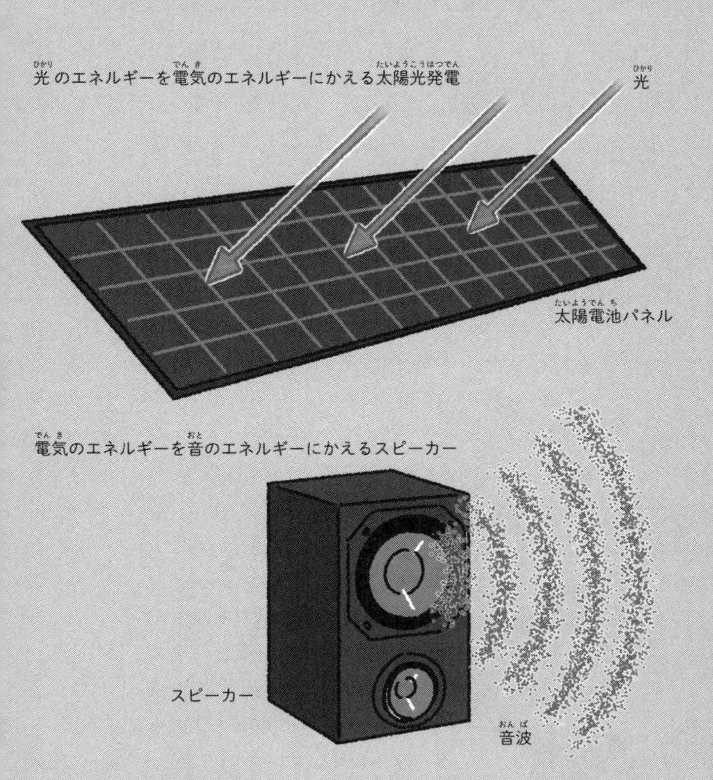

ネルギーを電気エネルギーに変換します。スピーカーは，電気エネルギーを使って，音のエネルギーを生みだします。

変換がおきても，エネルギーの総量はふえたり減ったりせず，つねに一定で変化しません。これを「エネルギー保存の法則」といいます。エネルギー保存の法則は，力学にかぎらず，自然現象すべてに適用できる自然界の大法則です。

12 摩擦がなければ歩けない！

物体の運動を邪魔する力「摩擦力」「空気抵抗」

力学的エネルギーの保存だけを考えれば，カーリングの選手が投げたストーンは，運動エネルギーを失わずに進みつづけそうです。**しかし，「摩擦力」や「空気抵抗」があるため，実際は止まってしまいます。**

摩擦力とは，接触した物体どうしの間にはたらく，運動を邪魔する向きに加わる力です。どんな物体どうしでも接触していれば，摩擦という現象は決してなくなりません。空気抵抗も，物体の運動を邪魔する力です。物体が空気を押しのけようとするとき，空気から逆向きの力を受けるのです。

摩擦力や空気抵抗がなかったら？

摩擦力や空気抵抗は，運動を邪魔する厄介者に思えるかもしれません。**しかし，これらの力がなかったら，世界は不便きわまりないものになっていたでしょう。**もし摩擦力がなければ，地面をけって歩くことはできませんし，いったん動きだしたらなかなか止まれません。また，空気抵抗がなければ雨粒は高速で降りそそぐため，肌に当たったら痛くてたまらないでしょう。

高度1キロから雨粒が空気抵抗なしで落下してくるとすれば，雨粒は重力によって加速しつづけ，地上に着くころには秒速140メートルにも達してしまうことになるそうだよ。

memo

12 氷上でも摩擦は生まれる

どんな物体どうしでも，接触面がずれると（あるいはずれようとすると）必ず摩擦が生まれます。たとえば氷の上では摩擦力は小さくなりますが，ゼロになることはありません。

※：ただし，摩擦がなくなるという非常に特殊な現象もあります（超流動）。

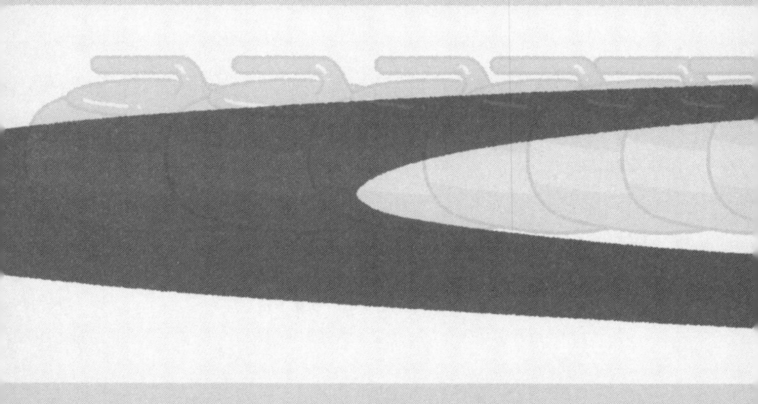

カーリングの選手が投げたストーンも，
摩擦があるので必ずどこかで止まるメー。

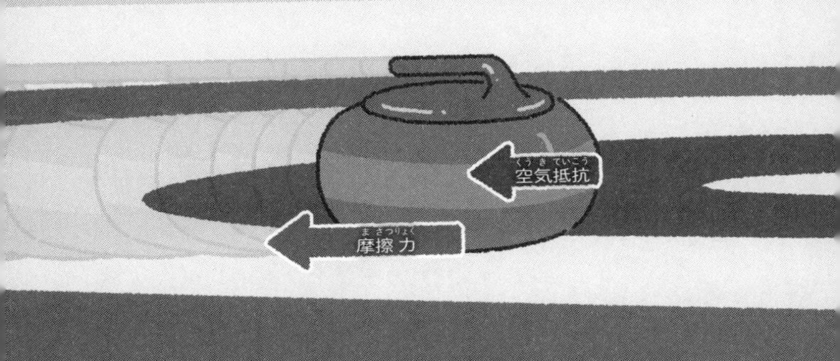

バナナの皮はなぜすべる？

古典的なギャグとして有名なのが「バナナの皮を踏んでころぶ」というもの。19世紀後半からアメリカやヨーロッパに普及しはじめたバナナの皮ですべってころぶ人は実際に多かったようです。それが20世紀に入ると映画などでギャグになっていきました。代表的な作品にチャップリンの「アルコール先生海水浴の巻」があります。

いったいバナナの皮はどれくらいすべりやすいのか，科学的に検証したこころみがあります。**バナナの皮の摩擦について調べた日本トライボロジー学会によると，古いバナナの皮だとスキーに匹敵するほどすべりやすいそうです。**

そして，バナナの皮ですべるメカニズムを研究し，2014年にイグ・ノーベル賞を受賞したのが北里大学の馬渕清資博士です。研究によると，バナナの皮の内側には小さなカプセルのような組織があり，それが踏まれてつぶれると，中から液体がしみ出てすべりやすくなるそうです。

第2章

大きな力を秘めた「空気」と「熱」

「空気」も「熱」も目には見えず，普段その存在を気にすることはほとんどないでしょう。しかし，空気や熱は，うまく使うと大きな力を発揮します。第2章では，空気と熱にまつわるルールにせまっていきましょう。

1 吸盤が壁にくっつくのは，空気が壁に押しつけるから

無数の分子が空気中を飛びかっている

　接着剤もなしに，吸盤はどうして壁にくっつくのでしょうか？　そのかぎをにぎるのは，私たちの周囲を飛びかっている無数の分子です。

　空気は，目に見えないほど小さな「気体分子」がたくさん集まったものです。常温の大気の場合，1立方センチメートルの中には，およそ10^{19}（1000兆のさらに1万倍）個もの気体分子が存在しています。気体分子は自由に飛びかっていて，たがいに衝突したり，壁に衝突してはね返ったりしています。

1 気体分子の衝突が力を生む

空気中には，つねに大量の気体分子が飛びかっています。その気体分子が吸盤に衝突するときに小さな力が加わり，それが集まって大きな力になり，吸盤を壁に押しつけているのです。

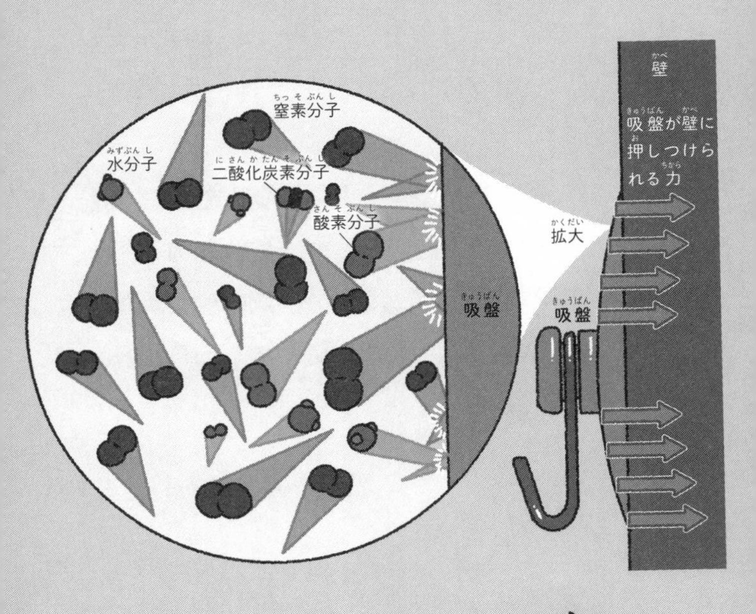

気体分子が衝突すると力が加わる

気体分子が壁に衝突した瞬間，壁には力が加わります。気体分子1個の衝突による力は非常に小さいですが，ひっきりなしに大量の気体分子が衝突しているため，合計すると無視できないほど大きな力になります。これが気体の「圧力」の正体です。

吸盤を壁に押しつけると，吸盤と壁の間の空気が押しだされ，内側からの空気の圧力が小さくなります。すると，周囲の空気の圧力のほうが大きくなるため，吸盤は壁に押しつけられてくっつくのです。

私たちの体にも，大量の気体分子がつねに衝突をくりかえしています。

2 暑い夏には，気体の分子がはげしくぶつかってくる

気体分子の動きが温度のちがいを生みだす

痛いほどに冷たい空気や，うだるような熱い空気。**このような温度のちがいを生みだすのは，空気中を飛びかう気体分子の「動きのはげしさ」です。**高温の気体では，気体分子は速く飛んでいて，反対に低温の気体では，気体分子はよりゆっくりと飛んでいます。また，液体や固体でも同様に，原子や分子の運動（固体の場合はその場での振動）のはげしさによって，温度が決まります。つまり，温度とは，「原子や分子の運動のはげしさの度合いのこと」だといえます。

夏に暑く感じるのは，気体分子が体にはげしくぶつかり，気体分子の運動エネルギーが体へと渡されて，温度が上がるからです。

2 気体の温度の正体

気体分子の動きのはげしさによって温度が変化します。一番左は低温での気体分子のようすで，右に行くにつれて温度が高くなります。

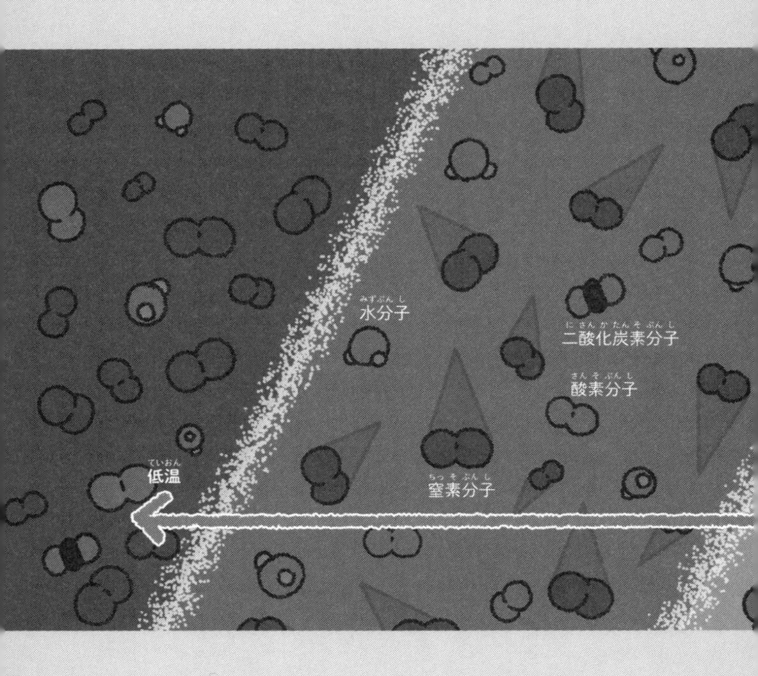

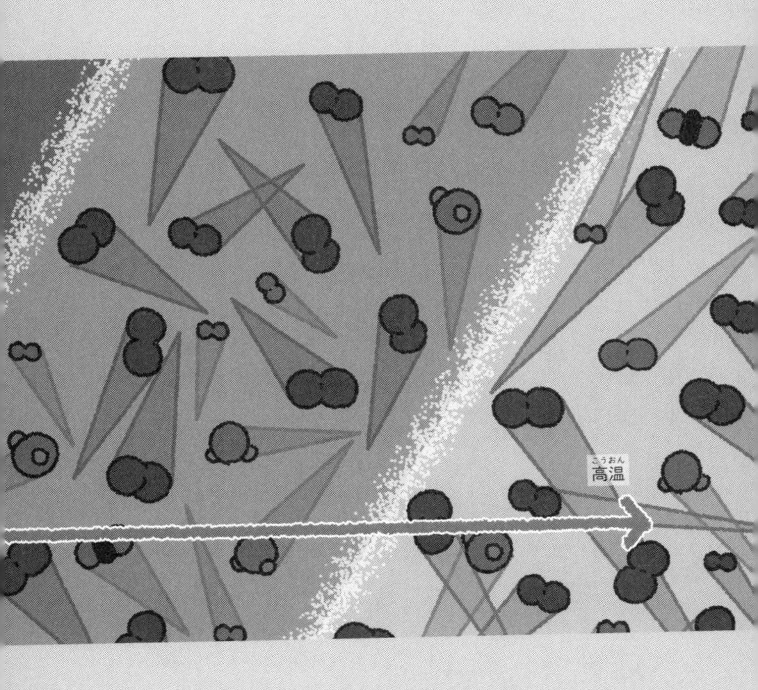
高温

理論上の最低温度が存在する

温度がどんどん下がっていくと，原子や分子の運動が小さくなっていき，やがて理論上の最低温度に到達します。この温度は，マイナス273.15℃であることがわかっており，「絶対零度」とよばれています。この絶対零度を0として数えた温度のことを「絶対温度」といいます。単位はK（ケルビン）です。0℃は，273.15Kです。

絶対零度は実現不可能とされているんだメー。これまでに人類が達成した最低温度は，0.000000001K。絶対零度よりほんの少しだけ高い温度だメー。

3 飛行機の中は，ポテチの袋がぱんぱんになる

気圧が低くなるとお菓子の袋がふくらむ

飛行機内や高い山の頂上で，ポテトチップス（ポテチ）の袋がぱんぱんにふくらんだ経験はないでしょうか？

上空に行くほど，空気は薄くなり，気圧は低くなります。飛行機内は気圧が調整されていますが，それでも地上の0.7倍程度しかありません。**すると，お菓子の袋にかかる圧力よりも袋の中の気体が外へ向けて押す力のほうが強くなり，袋はふくらみます。**

気体の圧力・体積・温度の関係をあらわす

ポテチの袋の中など，密閉された気体の状態がどう変化するのかをあらわす式があります。**それが，「状態方程式：$PV=nRT$」です**※。状態方程式は，気体の圧力（P）と体積（V）と温度（T）の関係をあらわしたものです（nは物質量，Rは気体定数）。ポテチの袋の例では，離陸前の地上と飛行機内の温度（T）が同じだとすると，右辺は一定になります。

上空に飛び立ち，飛行機内の気圧が小さくなると，袋の中の気体がふくらんで袋の体積（V）が大きくなります。その分，袋内の気体の圧力（P）が小さくなり，状態方程式を満たします。このように，一つの値がかわると，この式を満たすようにほかの値がかわるのです。

※：厳密にいえば，分子の大きさが無視できて，分子どうしが力をおよぼさない「理想気体」でのみなりたつ式です。実際の気体の場合は，この式から少しずれます。

3 機内で袋がふくらむ理由

飛行機の中にお菓子を持ちこむと，袋がぱんぱんにふくらむことがあります。これは周囲の気圧が下がり，その分，袋の中の空気がふくらむことによっておこる現象です。

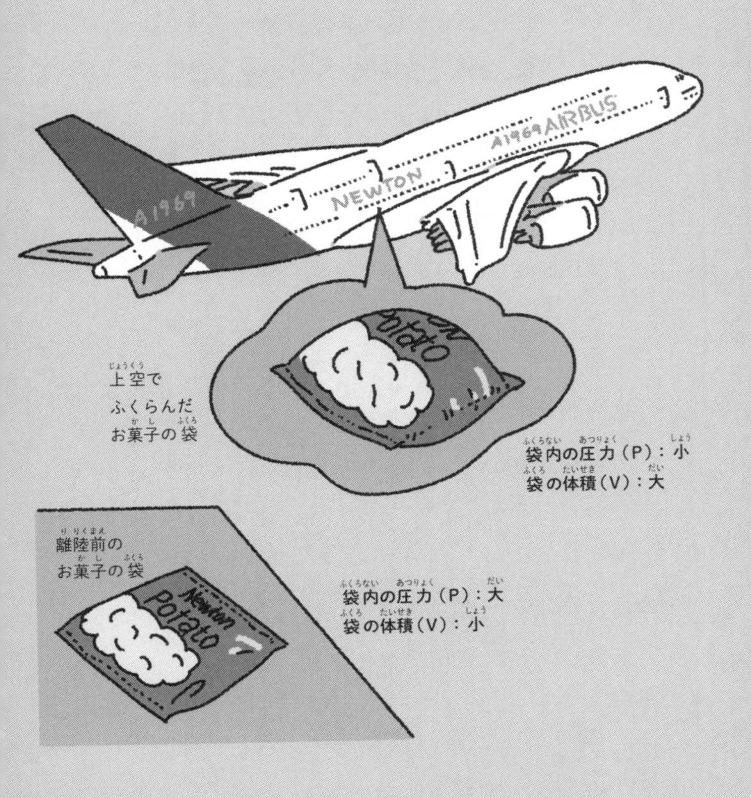

飛行機に乗ると
むし歯が痛みやすい

飛行機に乗ったときに，急に歯がズキズキと痛くなった，という経験のある人は少なくないようです。**このような歯の痛みを「航空性歯痛」や「気圧性歯痛」などといいます。**

歯の奥には神経が通っている空洞があります。これを「歯髄腔」といいます。歯髄腔の中の空気の圧力は，通常，まわりの気圧と同じです。しかし，飛行機の離陸時には，飛行機内の気圧が急に下がるため，歯髄腔の中の気圧と差が生じることになります。**すると，歯髄腔の中の空気や血管が膨張し，神経が圧迫されます。**その結果，痛みが発生するのです。飛行機に限らず山登りをしているときや，台風などの強い低気圧が来ているときにも，この痛みに襲われることがあります。

なお，健康な歯が痛くなることはあまりありません。治療していないむし歯や，治療中のかぶせものをした歯，歯の根にうみがたまっているときなどに，痛みが出やすいようです。飛行機に乗る前はきちんと歯を治しておくことが大切です。

4 熱い物体は，周囲の原子をはげしくゆらす

温度差のある物体の間で熱が移動する

　冷えた体を温めるには，暖房をつけたり，温かい飲み物を飲んだりします。逆に，ほてった体を冷ますには，冷たい風に当たって涼もうとするのではないでしょうか。**このように，私たちは，「温度差のある物体の間で熱が移動する」ということを，経験から知っています。**

振動の差がなくなると温度差がなくなる

　たとえば，熱い缶コーヒーを冷たい手で持つとしましょう。熱い缶の表面にある金属原子は，その温度に応じたはげしい振動をしており，冷た

4 金属原子の振動が伝わる

熱い缶の表面では，金属原子がはげしく振動しています。手でもつと，手の表面の分子がはげしくゆさぶられ，やがて手の内部の分子までも振動するようになり，熱を感じます。

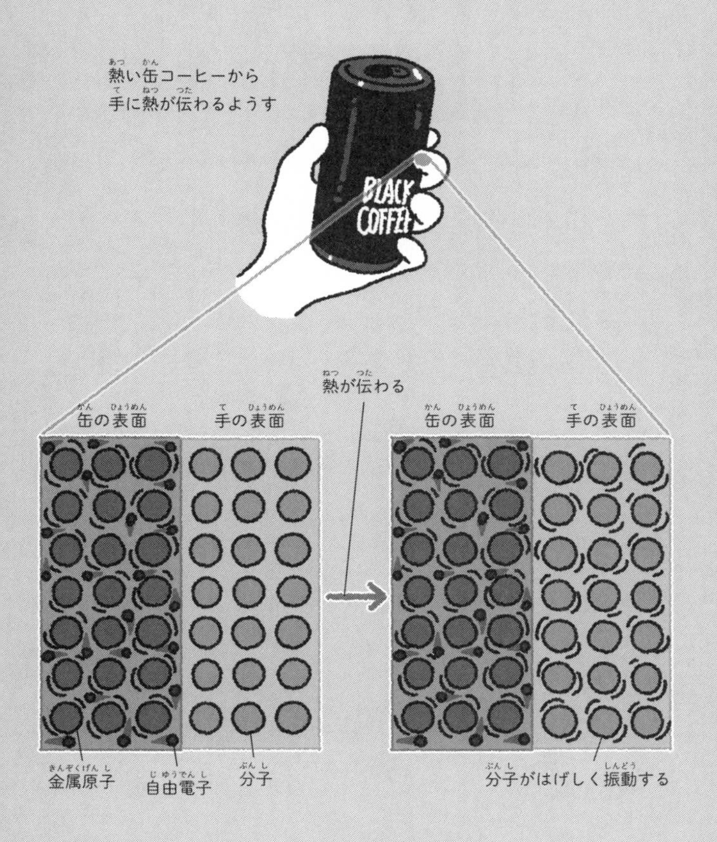

い手を構成する分子は，それほどはげしい振動をしていません。

缶と手の境界では，振動のはげしさのことなる原子や分子どうしが接触しています。**これらが何度も衝突すると，手の表面にある分子が金属原子の振動にゆり動かされて，はげしく振動するようになります。**つまり，金属原子の運動エネルギーの一部が，手の分子に伝わるのです。最終的に，缶の原子と手の分子の振動の差がなくなる，つまり温度差がなくなるまで，運動エネルギーが受け渡されつづけます。このように，小さな粒子の衝突によって受け渡されるエネルギーのことを，物理の世界では，「熱」といいます。

5 「蒸気機関」が産業革命をもたらした！

さまざまな機械に利用された蒸気機関

1700年代から産業革命がおこり，人々の生活は急速に豊かになっていきました。**そのきっかけとなったのは，イギリスの技術者，ジェームズ・ワット（1736〜1819）が開発した「蒸気機関」です。**

ワットの蒸気機関は，水を熱することで高温の水蒸気を発生させ，その熱エネルギーで歯車を回転させるものでした。歯車の回転運動は，地下深くにある物をもち上げる滑車や，糸を巻く紡績機，さらには蒸気機関車や蒸気船の動力など，さまざまな機械に利用されました。

熱エネルギーが「仕事」をする

蒸気機関では，水蒸気の熱エネルギーで歯車を回転させます。このように，エネルギーが何かを動かしたとき，そのエネルギーが「仕事」をしたといいます。そして蒸気機関の場合，仕事をした分，水蒸気の熱エネルギーは減ります。**気体の熱エネルギーは，外部に対して行った仕事の分だけ減少するのです。これを熱力学第一法則といいます。**

なお，蒸気機関にかぎらず，装置に仕事をさせつづけるには，エネルギーを外からあたえつづける必要があります。エネルギーをあたえることなく仕事をしつづける装置を「永久機関」といいますが，永久機関を実現することはできません。

5 水蒸気が車輪を回転させる

蒸気機関は，熱い水蒸気を左右交互に送りこむことでピストンを往復させ，その動きで車輪を回転させます。

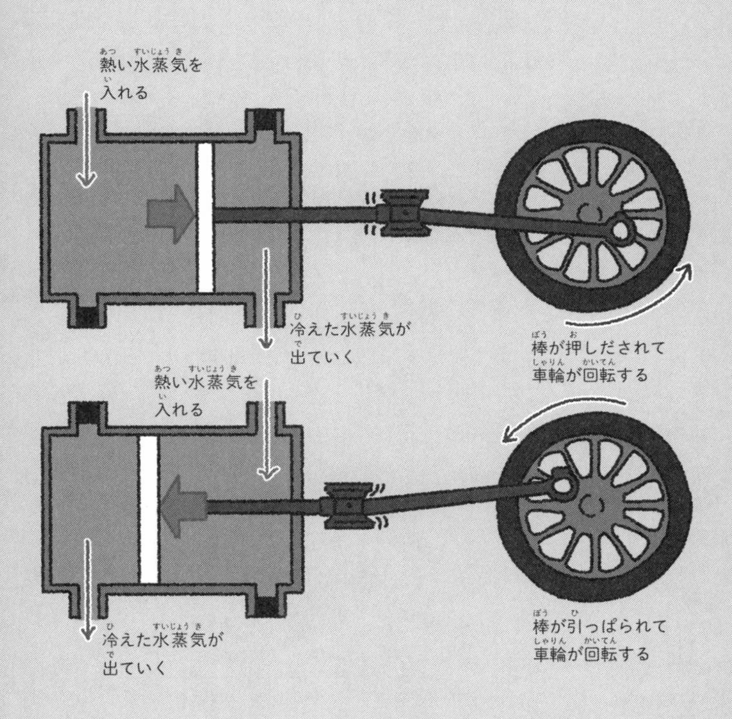

永久機関は実現できる？

高校生の田中くんと山本くん。物理の宿題に出された永久機関について話しています。

田中：物理の先生，昔の人が考えた永久機関は実現できるか考えてこいって言ってたね。

Q1

鉄球と円盤を使った装置です。時計まわりにまわすと，円盤の右側では鉄球がふちへと移動し，左側では鉄球が中心へ移動します。円盤をまわそうとする回転力は，鉄球が中心からはなれるほど大きくなります。円盤の右側で鉄球がふちに寄り，時計まわりの回転力がかかりそうです。これは，円盤が時計まわりに回転をつづける永久機関でしょうか？

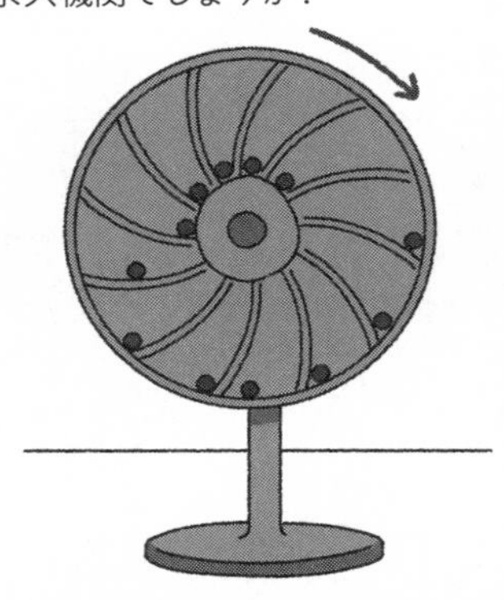

山本：永久機関って，摩擦とか空気抵抗があっても，勝手に動きつづけるんだよね。

田中：今日，先生に渡された永久機関の例を見ると，実現できそうな気がするんだけど……。

Q2

レールと磁石，鉄球をくみあわせた装置です。レール上にある鉄球は，磁石に引き寄せられて坂を上がり，坂の上の穴に落ちます。坂の下まで転がると，ふたたび磁石に引き寄せられてレールを上がり……という動きをくりかえしそうです。これは永久機関でしょうか？

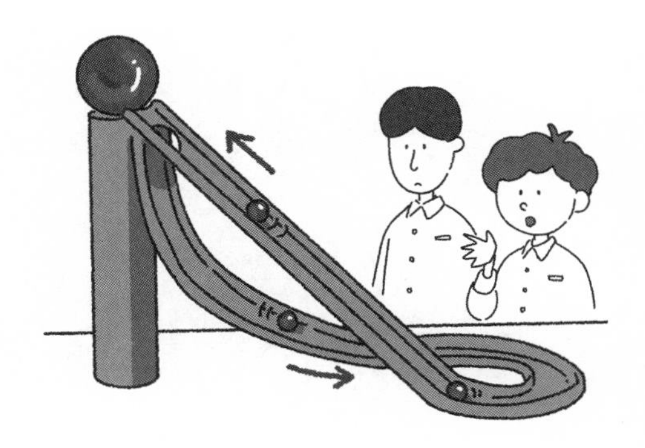

永久機関はなぜ不可能？

A❶ 永久機関ではありません

回転は止まります。下のイラストのときには，反時計まわりの回転力が，時計まわりの回転力を上まわります。平均をとると，時計まわりの回転力と，反時計まわりの回転力の大きさは，同じになります。そのため，摩擦や空気抵抗の影響でいずれ円盤の回転は止まります。

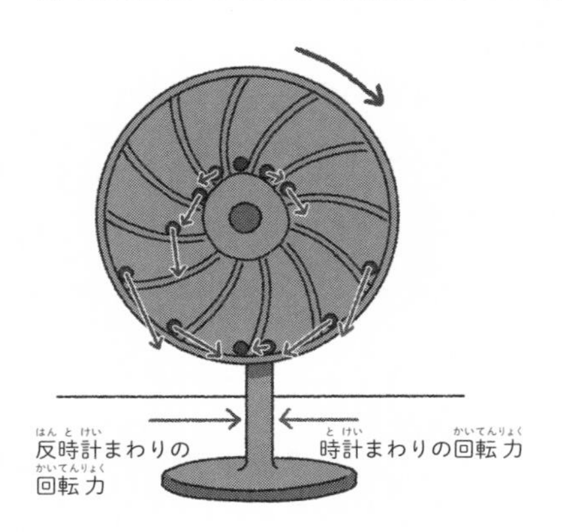

山本：ほかにもいろいろ永久機関は考えられてきたけれど，すべてうまくいかなかったみたいだね。

田中：自然界の法則には逆らえないんだね。でも，そう

A❷ 永久機関ではありません

鉄球が動き続けることはありません。鉄球を一番下Aに置いた場合，磁石が弱ければ鉄球はレールを上がりません。また磁石が強ければ鉄球はレールを上り磁石にくっつきます（B）。中間的な場合で鉄球がレールを上って穴に落ちれば，Aまで戻らず往復運動を繰り返し，摩擦の影響で結局は途中のつり合った位置（C）で止まります。

いう装置を夢見る気持ちには共感するなあ。

山本：ああ，田中くんはいつも，できるだけ楽をして成果を得ようとしているもんね！

神童，ケルビン

1824年、
アイルランド生まれの
物理学者である
ケルビン卿
ウィリアム・トムソン
10歳で
グラスゴー大学に
入学した神童だった
1846年に
グラスゴー大学の
教授に就任
電磁気学、流体力学
など幅広い分野で
論文を発表
電磁気学や熱力学を
大きく発展させた
1848年に
「絶対温度」の概念
を提案
K
ケルビン(K)
という単位が
生まれた
その後、
地球の年齢を
測定しようとしたり
地球の形や硬さを
調べたりするなど
生粋の学者だった

産業革命に貢献したワット

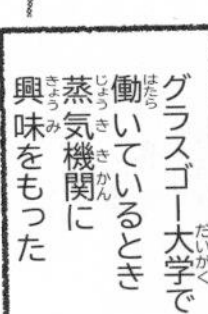

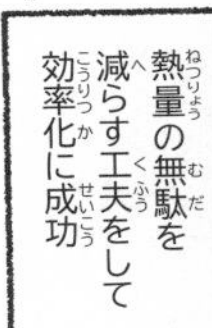

第3章

「波」がおこす不思議な現象

「波」は，海だけで見られるものではありません。音や光に，携帯電話の電波など，私たちの身のまわりは波であふれています。第3章では，音や光に代表される身近な現象を例に，波の性質を紹介します。

1 音と光は，どちらも波。だがゆれる方向がちがう！

波とは，周囲へ何らかの「振動」が伝わる現象

おだやかな湖面に石を投げ入れると，石が落ちた場所から同心円状に「波」が広がっていきます。**波とは周囲へと何らかの「振動」が伝わっていく現象です。**身近な波には，音や光があります。

音であれば，たとえばスピーカーで発生した空気の振動が次々と周囲の空気をふるわせて，空間を伝わっていきます。音が空気中を伝わる速さは，1秒間に約340メートルです。

光は，空間自体にそなわっている「電場」と「磁場」の振動が伝わる波です（くわしくは164～165ページ）。光は，空気中を1秒間に約30万キロメートルという猛烈な速さで進みます。

音とは空気の振動が伝わること

　波は大きく「横波」と「縦波」の2種類に分けることができます。波の進行方向に対して垂直に振動する波が「横波」で（90ページのイラスト），進行方向と同じ方向に振動する波が「縦波」です（91ページのイラスト）。光は横波で，音は縦波です。

　ひと波の長さを「波長」といいます。横波の場合は山から山の長さ，縦波の場合は密から密までの長さにあたります。波長は，このあとのページにも頻繁にでてくるので，覚えておきましょう。

音とは，空気の振動が伝わることで，空気そのものが秒速340メートルで移動するわけではありません。

1 「横波」と「縦波」のちがい

進行方向に対して垂直にゆれるのが「横波」です。光は横波です。それに対して進行方向と同じ方向にゆれるのが「縦波」です。音は，縦波の代表例です。

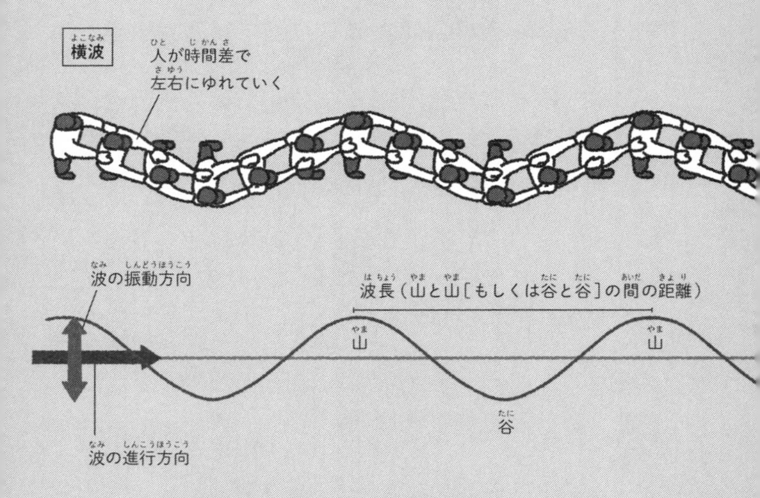

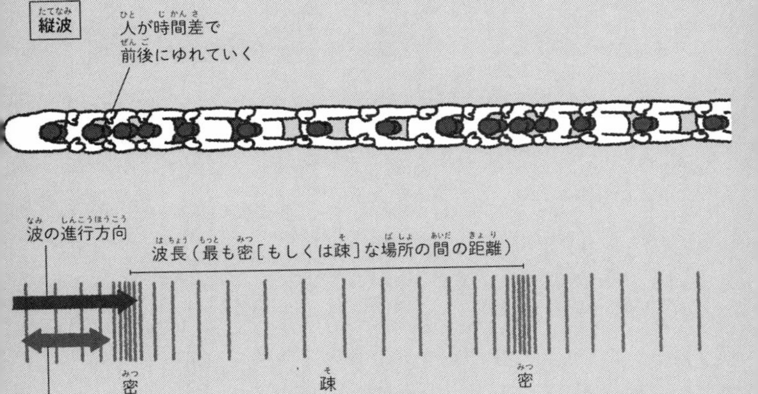
縦波
人が時間差で
前後にゆれていく
波の進行方向
波長（最も密［もしくは疎］な場所の間の距離）
密
疎
密
波の振動方向

2 音は，空気の薄い部分と濃い部分が交互に伝わる現象

空気の振動が耳に届くと音が聞こえる

音が聞こえるとき，耳に届いているのは，空気の「振動」です。たとえば，太鼓をたたくと，太鼓の皮が振動します。この振動がまわりの空気に伝わっていくと，太鼓の「ドン」という音が聞こえるのです。

空気の振動は，どうやって生まれるのでしょうか？　太鼓をたたくと，太鼓の皮が急にへこみます。すると，皮の近くの空気が薄くなり，空気の密度が下がった「疎」な部分ができます。その次の瞬間，今度は太鼓の皮は，はげしくはねあがります。すると，太鼓の皮の近くの空気が圧縮されて，空気の密度が濃い「密」な部分ができます。

2 音の正体は「疎密波」

太鼓をたたくと空気がはげしく振動し，空気が集まった「密」な部分や，空気が疎らな「疎」な部分が交互にできます。これらがまわりに広がっていく「疎密波」が音の正体です。

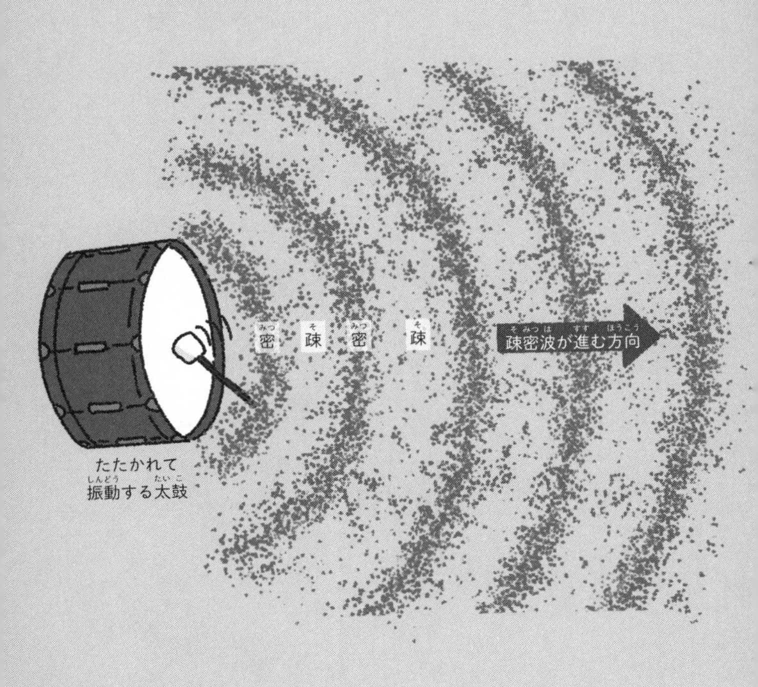

空気はその場で振動をくりかえす

太鼓の皮がはねあがってはへこむたびに，まわりの空気に「密」な部分と「疎」な部分ができ，周囲に伝わっていきます。このとき空気は，その場で前後に振動をくりかえしています。

「疎」と「密」の変化が次々に伝わる現象を「疎密波」といいます。これが音波の実態です。太鼓の「ドン」という音が聞こえたとき，耳は，空気の何回もの「疎密波の振動」を感じとっているのです。

音が聞こえるとき，空気の振動が，鼓膜をふるわせているんだ。

3 地震波には，縦波と横波の両方がある

P波は縦ゆれをおこす

日本人にとって身近な波に，「地震波」があります。地下の断層で地層がずれると，その衝撃が地震波となって広がっていき，地上をゆらします。これが地震です。

地中を伝わる地震波には，「P波」と「S波」があります。P波とは「最初の波（Primary wave）」を意味し，速度が速く，最初に地上に到達して初期微動をおこします（地殻では秒速約6.5キロメートル。ただし場所によって速度はことなる）。**P波は縦波であり，地盤を波の進行方向にゆらします。**地震波は多くの場合，地面に対して垂直に近い下方からやってきます。この場合，P波は縦ゆれをおこします。

地上で大きな横ゆれとして感じられるS波

P波に遅れてやってくるのが「S波」です。S波とは「2番目の波(Secondary wave)」を意味します。S波の速度はP波よりは遅く，地殻では秒速約3.5キロメートルです。**S波は横波であり，多くの場合，地上では大きな横ゆれとして感じられます。**被害をおこすのは，主にS波のほうです。

3 縦波のP波，横波のS波

P波は波の進行方向に振動する縦波で，S波より早く地上に到達し，初期微動をおこします。それに対してS波は垂直方向に振動する横波です。P波よりも到達は遅く，地上を大きくゆらします。

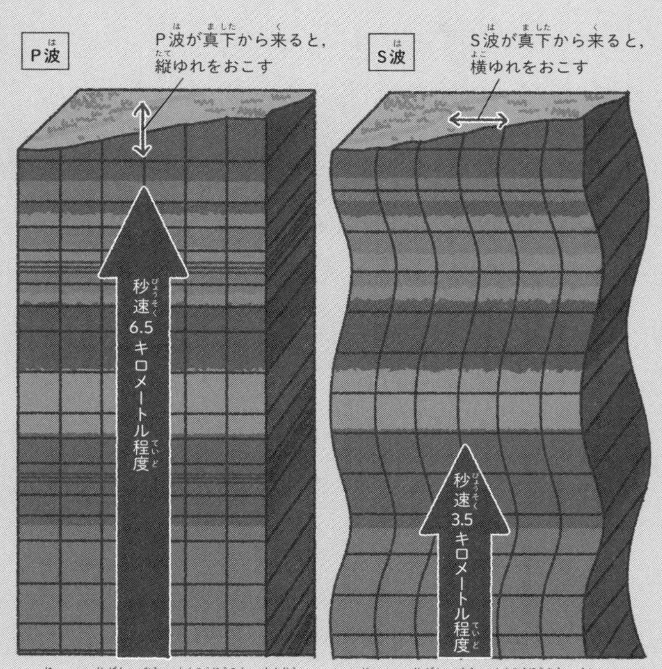

P波は，地盤が波の進行方向に振動する縦波（疎密波）です。イラストでは，その疎密のイメージを補助線で示しました。真下からやってくれば，縦ゆれとして感じられます。

S波は，地盤が波の進行方向に対して垂直な方向に振動する横波です。秒速3.5キロメートルほどで，P波よりも遅く地上に到達し，大きく地上をゆらします。真下からやってくれば，横ゆれとして感じられます。

4 救急車のサイレンがかわるのは，波の長さがかわるから

振動数が大きいほど，高い音に聞こえる

「ピーポーピーポー」と救急車がサイレンを鳴らしながら近づいてきます。**目の前を通りすぎた瞬間，サイレンの音は，それまでより低い音に変化します。**この現象は，「ドップラー効果」によるものです。

音の高さは，音の波の「振動数（周波数）」で決まります。振動数とは1秒間に波が振動する回数であり，単位はHz（ヘルツ）です。音の場合，振動数が大きい（空気が速く振動する）ほど，高い音に聞こえます。

救急車の前方では波長はちぢまる

救急車が音を発しながら前進すると，救急車の前方では音の波長（ひと波の長さ）がちぢまります。音の波長が短いということは，次から次へと音の波がやってくるということですから振動数は大きくなります。**こうして音源が接近しているときは，本来の音よりも振動数が大きくなり，高い音に聞こえます。**逆に救急車が遠ざかるときは，音の波長がのびて（長くなって）振動数が小さくなり，本来の音よりも低く聞こえます。

救急車のサイレン音の振動数は，「ピー」が960ヘルツ，「ポー」が770ヘルツなんだメー。

4 音源が動くと波長が変わる

救急車の前にいる人には，音の波長が短くなって届くので，音が高く聞こえます。逆にうしろにいる人には，音の波長が長くなって届くので，音が低く聞こえます。

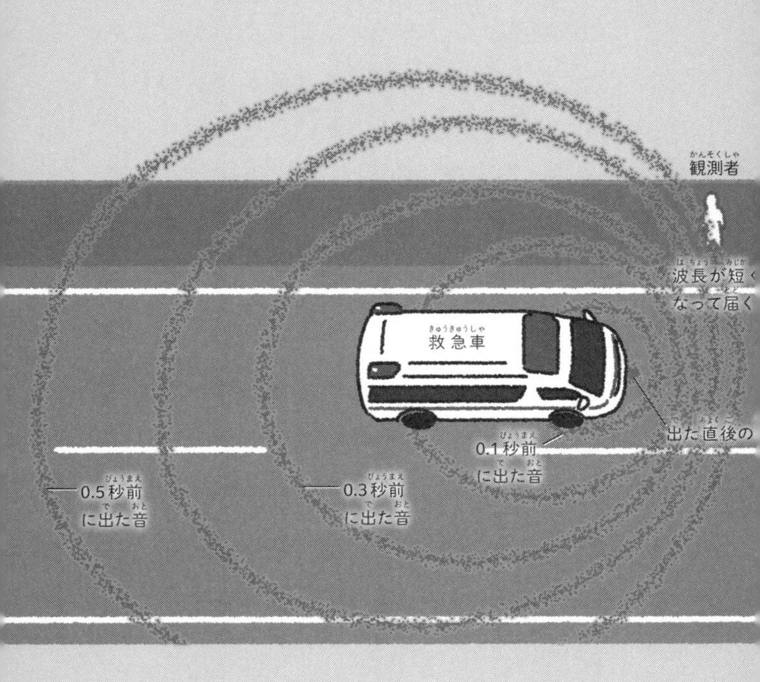

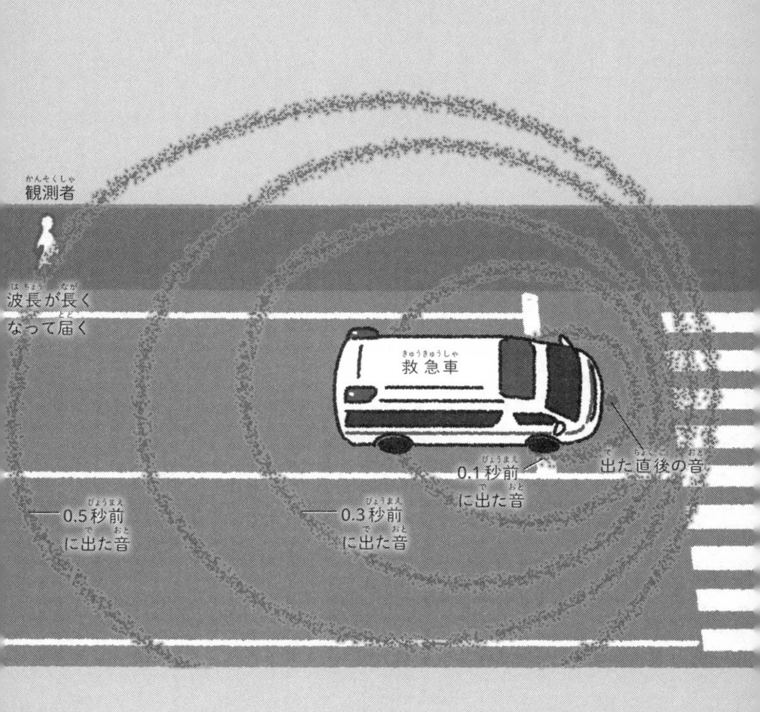
観測者
波長が長くなって届く
救急車
出た直後の音
0.1秒前に出た音
0.3秒前に出た音
0.5秒前に出た音

投手の球速は，どうやって測るの？

最近の高校野球はすごいですね！　時速150キロを超える球を投げるピッチャーが何人もいるんですね。

その球速はどうやって測るか知っているかね。

捕手がキャッチするときの音の大きさでしょうか。

そんなわけないじゃろ！　ドップラー効果を利用するんじゃよ。スピードガンで球速を測るときには，電波をボールに向けて発射する。すると電波はボールに反射してスピードガンに戻るんじゃ。球が速いほど，反射して戻ってくる電波の波長がちぢまっているんじゃよ。

球速によって戻ってくる波の波長（周波数）がちがうから，発射した波の周波数と比べて球速が計算できるんですね！

そういうことじゃ。自動車のスピード違反取締装置や血流計にも，ドップラー効果が応用されておるぞ。

5 コップに水を入れると，底の500円玉が浮き上がる

光の左右で速度差が生じる

光が空気中から水に入るときに，光の進路が曲がる「屈折」。中学校の理科で習った覚えがある人も多いでしょう。**これは，光の進む速さが，空気中と水中で変化するためにおきる現象です。**

光が空気から水に進入する場合を考えてみます。光は，空気中よりも水中のほうが進行速度が遅くなります。106ページのイラストのように，光が斜め上から水に進入した場合，先に水に進入した部分（光の左側）は，進行速度が遅くなります。一方，後から水に侵入する部分（光の右側）は進行速度がかわらないため，光の幅の左右で速度差が生じます。その結果，光の進路が曲がり，屈折がおきるのです。屈折の角度は物質間の速度差によって決まり，速度差が大きいほど

大きく曲がります。

水中の500円玉が浮き上がって見える

コップの中に500円玉を入れ，水を入れると，500円玉は本来の位置より少し浮き上がって見えます。これは，光の屈折によるものです。**光の進路は屈折により曲がりますが，私たちの視覚は「光は直進してきたはず」と認識します。**このため，本来の500円玉の位置より高い場所から光が出ている（物体が高い位置にある）と錯覚します。

魚釣りで使われる「偏光サングラス」は，水面からの反射光をカットすることで，水面下の魚を見えやすくする効果があります。

5 光の屈折

光が空気から水に進入している図です。水中のほうが，光の進む速さが遅いため，イラストのように，右と左で速度差ができます。その結果，進路が曲がる（屈折する）のです。

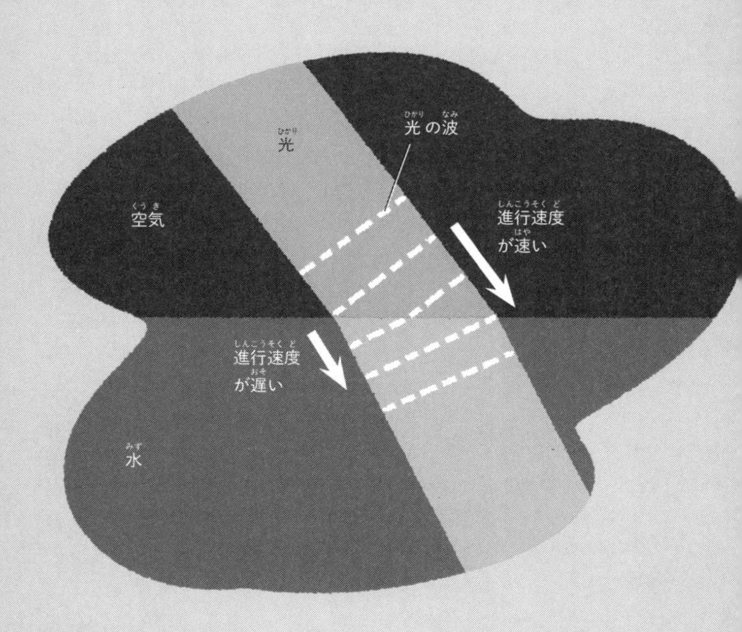

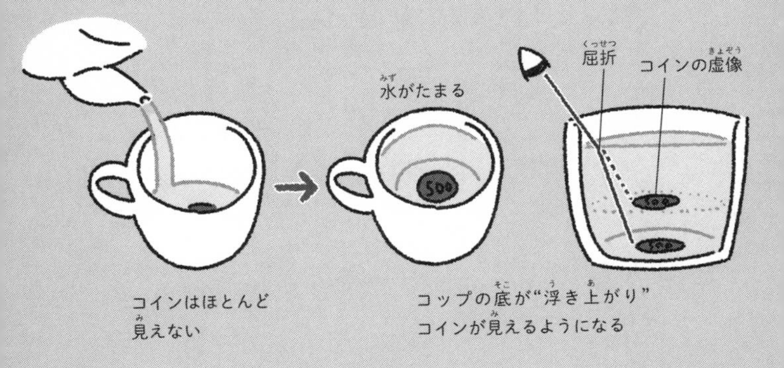
水がたまる
屈折
コインの虚像
コインはほとんど
見えない
コップの底が“浮き上がり”
コインが見えるようになる

6 太陽光は，七色の光があわさったものだった！

光の波長のちがいが色のちがい

私たちは，光の波長のちがいを色のちがいとして認識しています。波長が長い光を赤，短い光を紫や青として認識しているのです。また，光（可視光線）と電波，赤外線，紫外線，X 線などは，波長がちがうだけでどれも同じ「電磁波」です。

太陽光（白色光）は，さまざまな波長（色）の光がまじりあった光です。ガラスの三角柱（プリズム）を使えば，そんな太陽光を七色に分けることができます。

6 太陽光を分解

光は，波長によって色がきまります。また，波長（色）によってガラス中を進む速度がちがうので，太陽光をプリズムに通すと色を分けることができます。

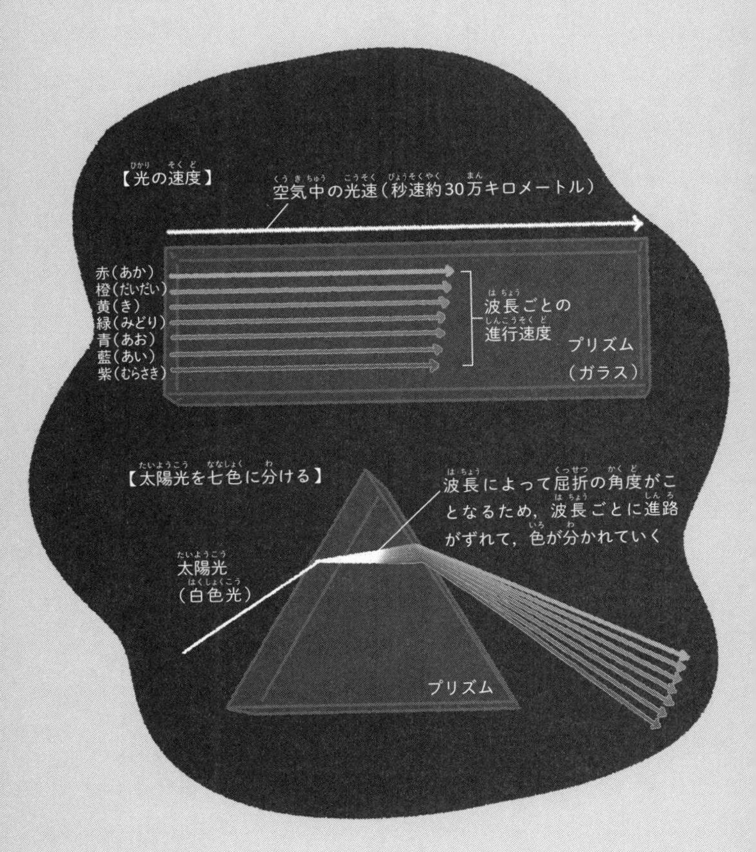

プリズムは，波長によって太陽光を七色に分ける

光がガラスの中に入ると，その速度は空気中の約65%程度にまで遅くなります。しかも波長（色）によってガラス中の進行速度，すなわち屈折の角度はわずかにことなります。**そのため，白い太陽光がプリズムに入ると，波長（色）による屈折の角度のちがいによって，虹のように七色に分かれるのです。**このように光が波長（色）ごとに分かれる現象を「分散」といいます。

雨上がりの空にかかる虹は，同じような光の分散が，プリズムではなく，空気中に浮かぶ無数の水滴によっておきる現象です。

分散はイギリスの物理学者アイザック・ニュートンによって，プリズムを使った実験で発見されたんだメー。

memo

7 シャボン玉の膜がカラフルなのは，光を強めあうから

シャボン玉に当たった光は，ことなる経路を進む

石けんや洗剤を水に溶かしてできるシャボン玉は，本来は無色透明です。ところが空中に浮かんだシャボン玉には，虹のような模様がついて見えます。この現象も光が波であることが関係しています。

シャボン玉に光が当たると，一部の光はシャボン玉の膜の表面で反射し，一部は膜の中に入ります。膜の中に入った光の一部は，さらに膜の底面で反射して，膜の表面から出ていきます。**つまり，二つのことなる経路を進んだ光が膜の表面で合流し，私たちの目に届くことになります（114ページのイラスト）。**

二つの光は，強めあったり弱めあったりする

膜の底面で反射した光は，表面で反射する光よりもわずかに長い距離を進んでいます。その結果，合流した二つの光の波の「山や谷の位置」（位相）がずれ，強めあったり弱めあったりします。山と山が重なるような波は強めあい，山と谷が重なるような波は弱めあうのです（115ページのイラスト）。この現象を「干渉」といいます。

シャボン玉の表面がカラフルなのは，干渉で強めあった光の色が見えるためです。 光が反射する場所や，見る角度によって，強めあう光の波長（色）が少しずつかわるため，虹のような模様が見えるのです。

CDやDVDなどの表面にも，七色の模様が見えるけど，これはディスクの表面に並ぶ，微少な凹凸で反射した光の干渉によってつくられる色なんだって。

7 シャボン玉の膜での干渉

シャボン玉の表面では，ことなる経路を進んだ光が干渉します。波長（色）によって，干渉のおきる場所や角度がちがうため，シャボン玉はカラフルに見えます。

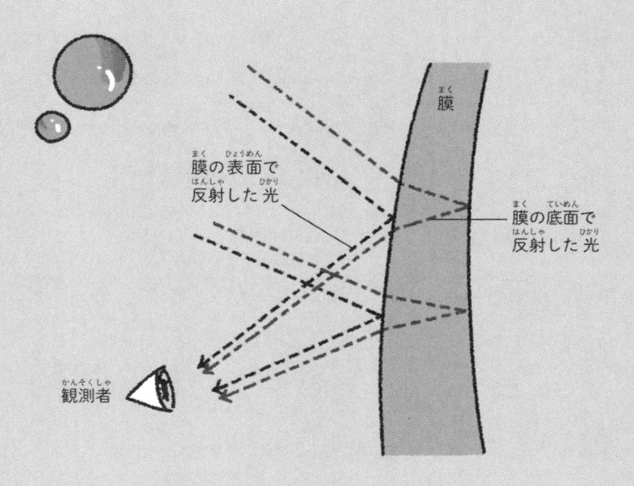

シャボン玉の膜でおきる光の干渉

シャボン玉の膜の表面では，二つのことなる経路を進んだ光が干渉し，特定の波長（色）の光が強めあったり弱めあったりします。その光が，観測者の目に届きます。

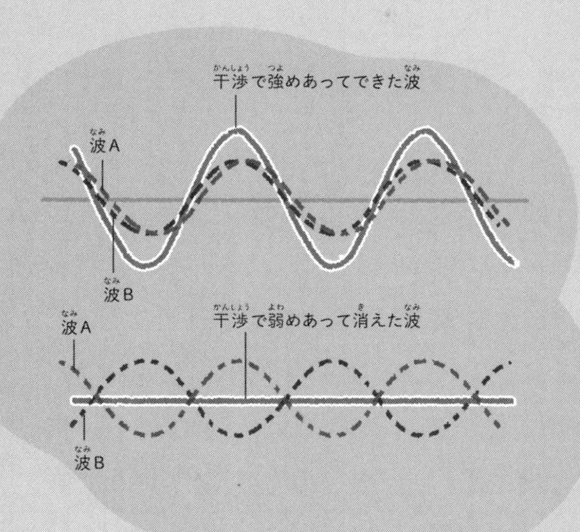

強めあう干渉，弱めあう干渉
二つの波AとBが干渉する場合，山どうしや谷どうしが重なって強めあう場合（上側）と，山と谷が重なって弱めあう場合（下側）があります。

8 声は，壁をまわりこんでやってくる

波は障害物があると，まわりこむ

姿は直接見えないけれど，壁の向こうから声が聞こえることがあります。これは，音が波だからこそおきる現象です。

波は障害物があると，まわりこむという性質をもっています。これを「回折」といいます。回折は基本的に波の波長が長いほど，おきやすい現象です。人の声の波長は1メートル前後と比較的長いため，壁や建物をまわりこみやすい性質をもっています。

光はほとんど回折がおきない

回折は，携帯電話による通信にも貢献しています。携帯電話の電波の波長は，数十センチメー

8 音の回折

人の声の波長は，0.5～1メートルです。実際の声は3次元に広がるので，壁の横だけでなく，上からもまわりこんできます。

トル～1メートル弱です。この程度の波長は，壁や建物などの障害物をまわりこみやすく，電波を仲介する基地局から直接見えない建物の陰にも，電波を届けることができます。

一方，光（可視光線）の波長は，0.0004ミリメートル～0.0008ミリメートルです。波長が短いために，日常生活ではほとんど回折がおきません。これは，日陰ができることからもわかります。もし光が回折しやすければ，直接，太陽の光があたらない建物の裏にも太陽の光がまわりこみ，日陰があまりできなくなるはずです。

室内にいる場合，人の声は回折のほかに，天井や壁に反射することでも伝わります。

9 空が青いのは，空気が青色の光を散乱するから

微小な粒子にぶつかると，光は四方八方に飛び散る

木もれ日や雲の間からさす「光の筋」を見たことがある人も多いでしょう。**この光は，ちりや水滴などの微小な粒子に太陽光がぶつかり，四方八方に飛び散ることで見えています。**光が四方八方に飛び散る現象は「散乱」とよばれています。もし散乱をおこすちりなどがなければ，「光の筋」は見えません。

青空も夕焼け空も，光の散乱がつくりだす

光の散乱は，青空をつくりだしています。空気の分子は太陽からの光をわずかに散乱させて

います。空気分子による散乱は，光の波長が短いほどおきやすいことが知られています。**青色や紫色は波長が短いため，空のどの方向を見ても，青色や紫色の光が目に届きます。**

一方，夕方の空は赤色です。このとき，太陽は地平線近くまで沈み，太陽光は私たちの目に届くまでに，大気の層を長い距離進まなくてはなりません。波長の短い光は比較的早く（非常に遠くで）散乱されてしまい，私たちの目には，ほとんど届かなくなります。一方，赤色の光（波長の長い光）は，比較的近くの空で散乱されます。そうして，夕焼け空は赤く見えるのです。

人間の目は，紫色よりも青色の光への感度が高いので，空が青く見えるそうだよ。

memo

9 空気分子が光を散乱させる

空気分子による散乱は，青色や紫色でおきやすいです。そのため，空を見ると，散乱した青い光が目に入ります。

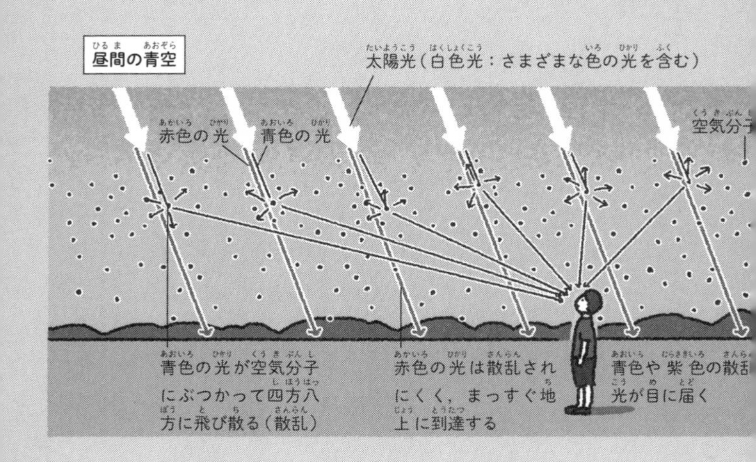

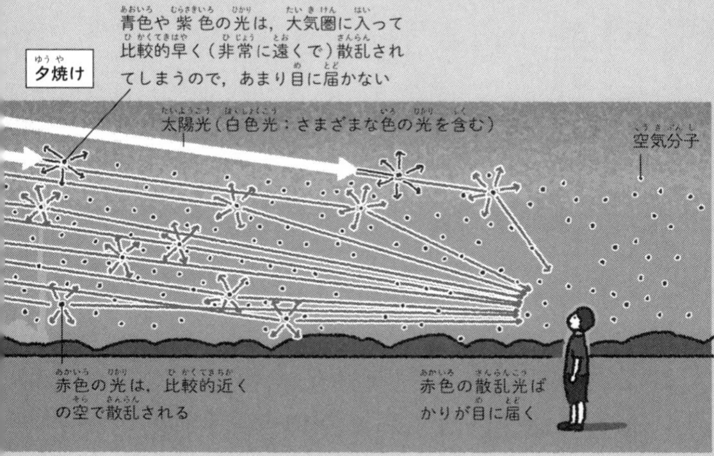

青色や紫色の光は，大気圏に入って比較的早く（非常に遠くで）散乱されてしまうので，あまり目に届かない

夕焼け

太陽光（白色光：さまざまな色の光を含む）

空気分子

赤色の光は，比較的近くの空で散乱される

赤色の散乱光ばかりが目に届く

10 高い建物ほど，地震でゆっくりゆれやすい

物体にはゆれやすい周期や振動数がある

波や振動には面白い特徴があります。たとえば，水平に張った横糸に，長さのちがう複数の振り子をぶらさげ，そのうち一つをゆらしてみましょう。すると，ゆらした振り子と同じ長さの振り子だけがゆれはじめるのです（右のイラスト）。

一般に物体には，大きさに応じたゆれやすい周期や振動数があり，「固有周期」や「固有振動数」とよばれます。振り子の実験では，最初にゆらした振り子のゆれが横糸を介してほかの振り子につたわり，その中で，長さが同じで固有周期が一致する振り子のゆれだけが増幅されたのです。このような現象を「共鳴（または共振）」とよびます。

10 共鳴によって大きな振動に

さまざまな長さの振り子のうち，1本だけをゆらします。すると同じ長さの振り子だけがゆれはじめます。これが共鳴です。
地震でも，地震波と共鳴をおこした建物は大きくゆれます。

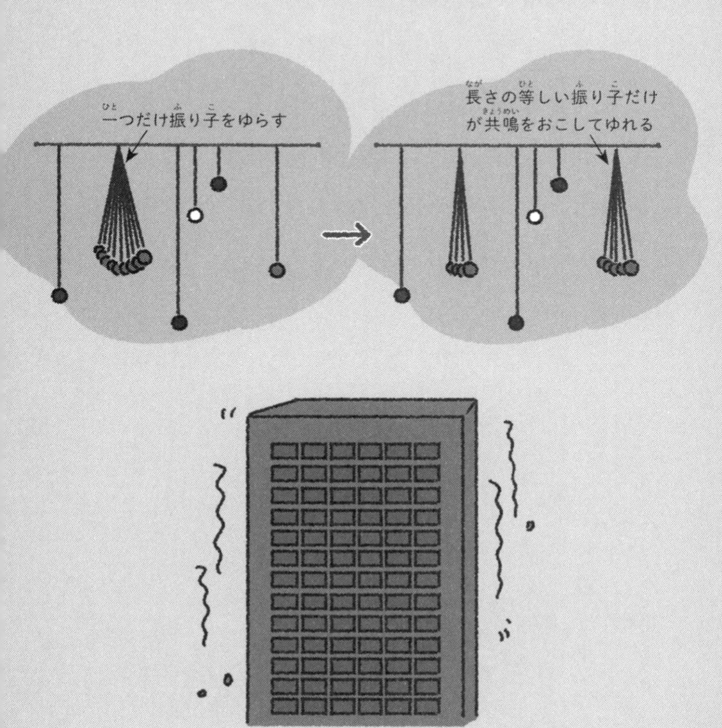

高い建物ほどゆっくりした周期の地震波と共鳴する

二つの音叉をはなして置き，一方を鳴らすともう一方が鳴りだすのも共鳴です。**また，地震では，地震波と建物の共鳴が被害を大きくします。**建物の固有周期は，おおよそ「固有周期＝建物の階数×0.1（～0.05）」になります。50階建ての高層ビルなら，5～2.5秒になる計算です。高い建物ほどゆっくりした周期の地震波と共鳴し，大きくゆれます。

共鳴はスマホやテレビ，ラジオが特定の電波を受信するのにも利用されているんだメー。

11 バイオリンの弦には，「進まない波」があらわれる

その場で振動をくりかえす波「定常波」

通常「波」というと，海の波のように，ある一定の方向に進んでいきます。**しかし，バイオリンのような両端を固定した弦に発生する波は，その場で振動をくりかえすだけで，進むことはありません。**このような波を「定常波」といいます。定常波には，大きく振動する「腹」と，まったく振動しない「節」ができます。

楽器の音色は，「基音」と「倍音」の割合で決まる

弦には，129ページのイラストのように，節の数がことなる複数の形の定常波が生じます。節

の数が最小の振動のときに発せられる音を「基音」といいます。そこから節の数がふえるにしたがって「2倍音」,「3倍音」などとよばれます。節がふえるほど，振動数が大きく（音が高く）なります。実際の弦楽器から発せられるのは，基音と倍音が組みあわさったものです。**楽器ごとの独特の音色は，どのような割合で基音と倍音が組みあわさっているかで決まります。**

フルートなどの管楽器は，管の中の空気（音波）が定常波をつくることで，基音と倍音がつくりだされているんだって！

11 定常波が音楽を生みだす

弦をはじいて生じた波は，両端で反射をくりかえし，右に進む波と，左に進む波が重なりあいます。その結果，動かない波「定常波」ができます。定常波は節や腹の数で分類できます。

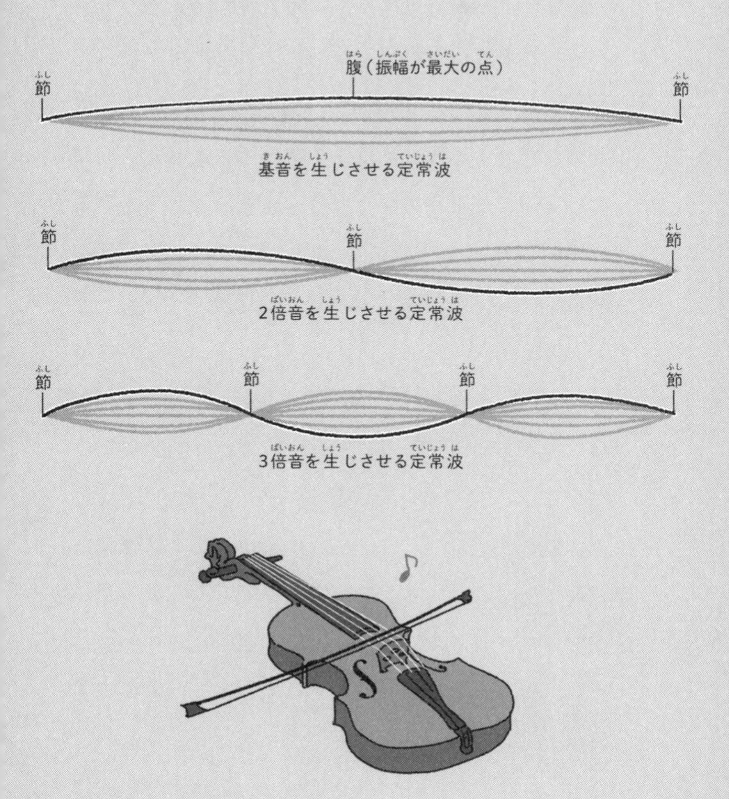

禁止されたサーフィン

板を使って波に乗るスポーツ，サーフィン。タヒチやハワイといったポリネシアの島々ではじまったといわれています。漁のためにカヌーに乗っていたのが，いつしか波に乗ること自体を楽しむ遊びになっていったようです。**はっきりとはわかっていませんが，サーフィンの原型は，西暦400年ごろには生まれていたと考えられています。**

1778年，イギリス人探検家キャプテン・クックがハワイを訪れ，ヨーロッパ人ではじめてサーフィンを目にしました。**その後ヨーロッパから訪れた宣教師たちによって，1821年，サーフィンは禁止されてしまいました。**“不道徳な遊び”だからというのがその理由でした。宣教師たちは人々からサーフボードを取り上げ，燃やしてしまったのです。

20世紀に入ると，ハワイでサーフィンが復活します。特にオリンピックの水泳100m自由形金メダリスト，デューク・カハナモクは，1920年，ワイキキに初めてサーフィンクラブをつくり，サーフィンの普及に努めました。

150

第4章

生活を支える「電気」と「磁気」

私たちの生活には，電気を利用する機器が欠かせません。さまざまな電気製品をつくることができるようになったのは，電気や磁気についての理解が進んだからです。第4章では，発電機のしくみやモーターの原理などを見ながら，電気と磁気の基本的な性質を紹介します。

1 電気と磁気は，似たものどうし

電気の力で，髪の毛が逆立つ

下敷きを髪の毛にこすりつけて持ち上げると，髪の毛が逆立ちます。**このとき，下敷きにはマイナスの電気，髪の毛にはプラスの電気が集まっていて，プラスとマイナスの電気が引きあっています。**このような電気現象のもとになるものを「電荷」といいます。プラスの電荷（正電荷）とマイナスの電荷（負電荷）は引きあい，プラスどうしの電荷やマイナスどうしの電荷は反発しあいます。電荷によって生じるこのような力を「静電気力」といいます。一方の電荷が周囲の空間に「電場」を生じ，それによって他方の電荷が力を受けると考えます。

磁極も引きあったり反発したりする

磁石も引きあったり反発したりします。磁石のN極とS極は引きあい，N極どうしや，S極どうしは反発しあいます。このような，磁極によって生じる力を「磁気力」といいます。一方の磁極が周囲の空間に「磁場」を生じ，それによって他方の磁極が力を受けると考えます。

電荷どうしや磁極どうしの距離がはなれるほど，おたがいにはたらく力は急激に弱くなります。**静電気力も磁気力もその大きさは「距離の2乗に反比例する」ことが知られています。**電気の力と磁気の力は，はたらき方がとてもよく似ているのです。

静電気力や磁気力がはなれていてもはたらくのは，電荷や磁極が周囲に，電場や磁場を生みだすためだと考えることができます。

1 電気と磁気

静電気の力は，近い距離にあるものほど大きくはたらきます。また，磁気の力も同じように近いほど大きくなります。電気と磁気はとてもよく似ているのです。

電荷がつくる電場のイメージ

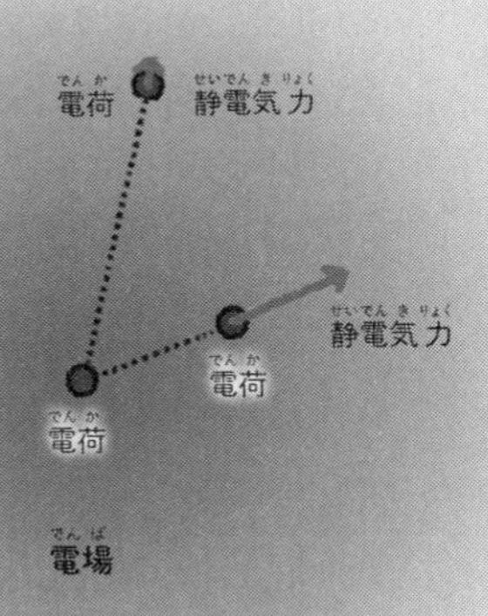

中央の電荷がつくる電場のみをえがきました。電場は，電荷から遠くなるほど弱くなります。そのため，中央の電荷の近くにある電荷ほど，大きな静電気力を受けます。

磁極がつくる磁場のイメージ

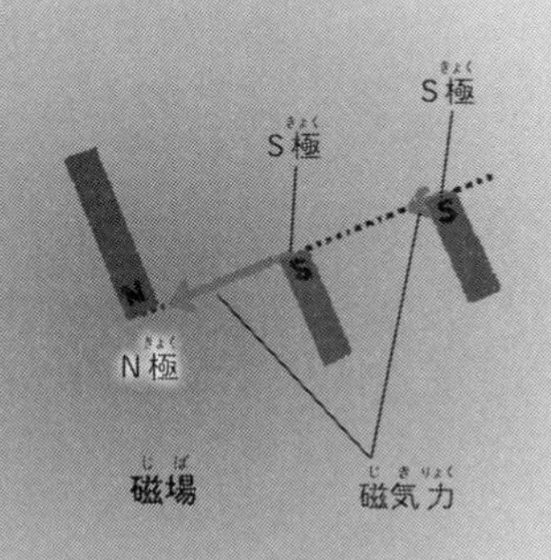

中央のN極がつくる磁場のみをえがきました。
磁場は，磁極から遠くなるほど弱くなります。
そのため，中央のN極の近くにあるS極ほど，
大きな磁気力を受けます。

2 スマホが熱くなるのは，導線の原子がゆらされるから

電流の正体は，「電子」の流れ

ふだん何気なく使っているテレビもスマホも，電気がなくてはただの板です。ここでいう電気とは，正確にいえば，導線などを流れる電流のことです。**そして電流の正体は，マイナスの電気をもつ粒子である「電子」の流れです。**ただし，ややこしいことに「電流の向き」といったときには，電子が移動する向きとは逆向きを指します。

電子は金属原子に進行をさまたげられる

スマホを操作していると，スマホが熱くなることがあります。それは，スマホの中の，電気の流れにくさである「抵抗」と関係しています。

2 スマホの熱の正体

導線中を流れる電子は，導線をつくる金属の原子に動きがさまたげられます。そのため電子の運動エネルギーの一部が金属原子の振動に変換されます。それが熱となります。

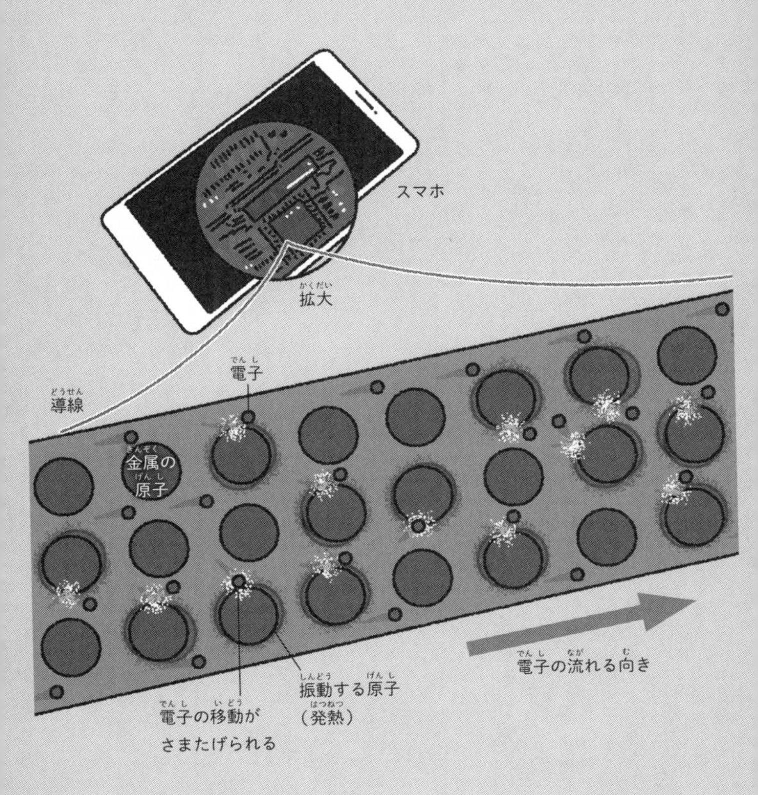

スマホの中の導線を流れる電子は，導線をつくる金属原子に衝突することで，その進行をさまたげられます。これが抵抗の正体です。このときに原子がゆらされる，つまり熱が発生します。電子の運動エネルギーの一部が熱エネルギー（原子の振動）に変換されるのです。

抵抗の大きさは，物質によってことなります。電子が原子によくぶつかる（抵抗が大きい）ほど，多くの熱が発生します。また，導線（金属）は，温度が高くなると，原子の振動がはげしくなって電子が衝突しやすくなります。つまり，抵抗が大きくなります。

電子の運動エネルギーが熱エネルギーに変換されることで発生する熱を「ジュール熱」というメー。

3 導線に電流を流すと，磁石になる

鉄の芯に導線をコイル状に巻きつけた「電磁石」

黒板や冷蔵庫に紙を止めるのに使われる普通の磁石は，長期間，磁力が失われず，「永久磁石」とよばれます。一方，スクラップ工場などでは，「電磁石」とよばれる磁石が使われています。電磁石とは，鉄の芯に導線をコイル状に巻きつけたもので，導線に電流を流すと磁力（磁気力）を発揮します。比較的，簡単に強力な磁力を生みだせることや，電流を止めれば磁力がなくなること，逆向きの電流を流せば磁極を反転させられることなどの利点があります。

電流が「磁場」を生む

電流と磁力には密接な関係があります。**導線に電流を流すと，その導線を取り囲むように「磁場」が生じます。**電磁石は，この磁場をうまく利用します。

生じる磁場の強さは，電流の強さと導線の巻き数に比例します。電流を止めると磁場は失われ，磁石としてのはたらきもなくなります。鉄の芯がなくても磁力は生じますが，鉄の芯を置くことで磁力が増します。

144～145ページのイラストでは，磁場の向きと強さを「磁力線」であらわしました。線がこみあっているところほど，磁場が強いことをあらわします。

現在，建設が進められている「リニア中央新幹線」では，「超伝導電磁石」という，強力な電磁石が利用されているそうだよ。

memo

3 電流が電磁石を生みだす

鉄の芯に導線をコイル状に巻きつけたものが電磁石です。導線に電流を流すと，イラストのような磁場が生じます。電磁石は電流がつくりだす磁場をうまく利用しています。

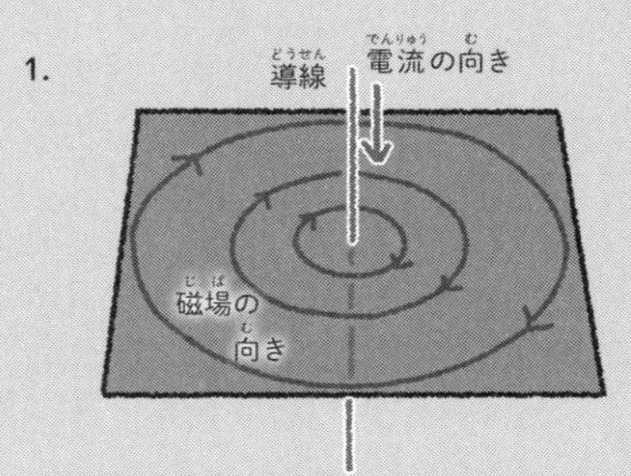

直線の電流のまわりに生じる磁場

導線を取り囲むように磁場が生じます。電流の進行方向に向かって，時計回りが磁場の向きになります（右ねじの法則）。

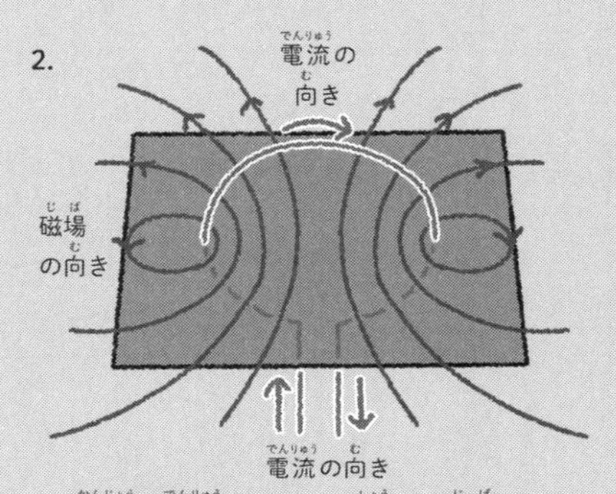

環状の電流のまわりに生じる磁場

導線を輪にして電流を流すと，上図のような形の磁場が生じます。

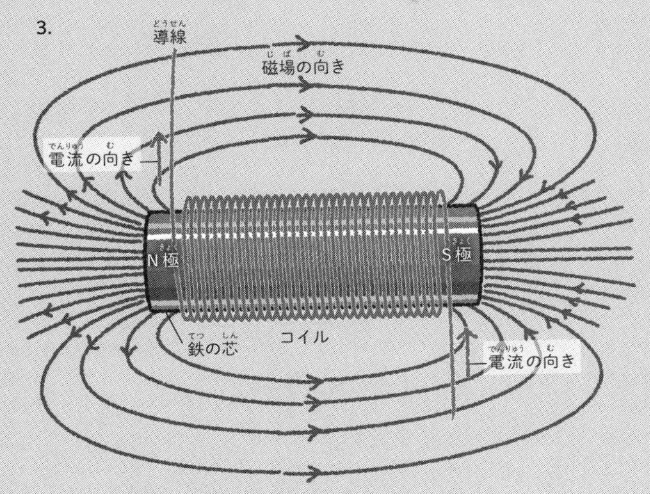

電磁石がつくる磁場

鉄の芯に導線を巻きつけて，導線の巻き数をふやすとイラストのような磁場がつくられます。これが電磁石です。

牛の胃の中には，磁石が入っている

私たち人類は，8000年ほど前から牛を家畜にし，共に生きてきました。その長い飼育の歴史から生みだされた飼育技術には，おどろくようなものがあります。その一つが，「牛マグネット」です。

野生の牛は草だけを食べていますが，それだけでは鉄分が不足します。そのため，鉄分を含むきらきらした石を飲み込む習性があります。**家畜になった牛にもこの習性があるので，しばしばとがった釘や鉄片を飲み込んでしまいます。**これらが胃に刺さると，最悪の場合，牛は急死してしまいます。

そのような事態を防ぐため，牛が生後4か月ぐらいになったら，特別な磁石を飲ませます。**飲み込まれた鉄はこの磁石にくっつくので，胃を傷つける危険性が低くなるのです。**そして，磁石にたくさんの鉄がくっつくと，より強い磁石を使って，牛マグネットを胃から取りだします。そして新しい磁石を飲み込ませるのです。

4 発電所は，磁石をまわして電流を生みだす！

磁石をコイルに近づけると，電流が流れる

私たちは，発電所でつくられた電気を生活の中で利用しています。電流を生みだすしくみは，意外に単純です。**磁石をコイルに近づけたり遠ざけたりするだけで，コイルに電流が流れるのです。**この現象を「電磁誘導」といいます。磁石を近づけるときと遠ざけるときで，コイルに流れる電流の向きは反対になります。また，磁石を動かす速さが大きいほど，流れる電流は大きくなります。コイルの巻き数をふやすことでも，電流は大きくなります。

4 発電の原理は電磁誘導

コイルに磁石を近づけたときと遠ざけたときには，コイルに電流が流れます。この現象を「電磁誘導」といいます。発電所では，このしくみをもとに発電が行われています。

磁石をコイルに近づけるとき

コイルに磁石を近づけると，コイルに電流が流れます。ミクロな視点で見ると，導線内の電子が磁場の変化によって動かされています。

磁石をコイルから遠ざけるとき

コイルから磁石を遠ざけると，コイルには，磁石をコイルに近づけたときとは逆向きに電流が流れます。

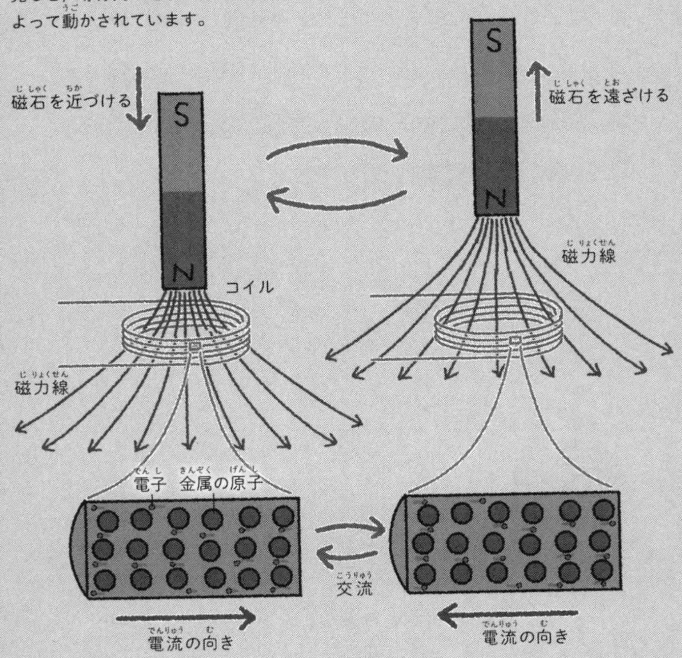

蒸気の力で磁石をまわす

発電所では，この原理を利用して電流を生みだしています。たとえば火力発電所では，石油や天然ガスを燃やして水を沸騰させ，高圧の蒸気をつくります。そして，その蒸気を羽根車（タービン）に吹きつけてまわします。この羽根車の軸の先には磁石がくっつけてあり，羽根車といっしょに磁石を回転させます。**磁石のまわりにはコイルが置かれており，磁石の回転によってコイルに電流が流れるのです。**

電磁誘導を発見したのはマイケル・ファラデーというイギリスの物理学者。『ロウソクの科学』という本でも有名だよ。

5 家庭の電気は，向きが常に入れかわっている

電気には，交流と直流の2種類がある

一般的に発電所では，発電機の磁石（またはコイル）の回転運動に連動して，電流を生みだしています（152～153ページのイラスト）。このとき磁石（またはコイル）が半回転するごとに，電流の流れる向きは反転します。**つまり，発電所でつくられて，家庭に送られる電気は，電流の流れる向きが周期的に変化しているのです。**このような電気を「交流」といいます。一方，乾電池の電流は向きがかわることはありません。このような電気を「直流」といいます。

5 交流は電気の向きが変化

左向きに流れる電流を正，右向きに流れる電流を負として，交流の電流をグラフにしました。交流は，周期的に変化をし，グラフはきれいな波の形になります。

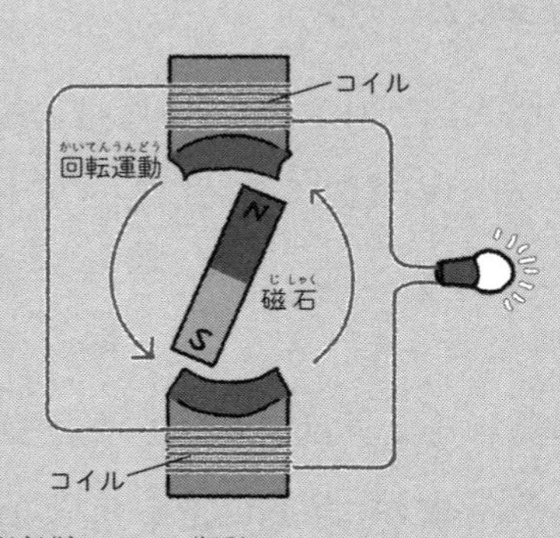

回転運動によって発電

磁石（またはコイル）が1回転すると，コイルとつながった回路を電流が左まわりの方向と右まわりの方向に1回ずつ流れます。このようなしくみによる発電は，身近なところでは，自転車のライトで使われています。

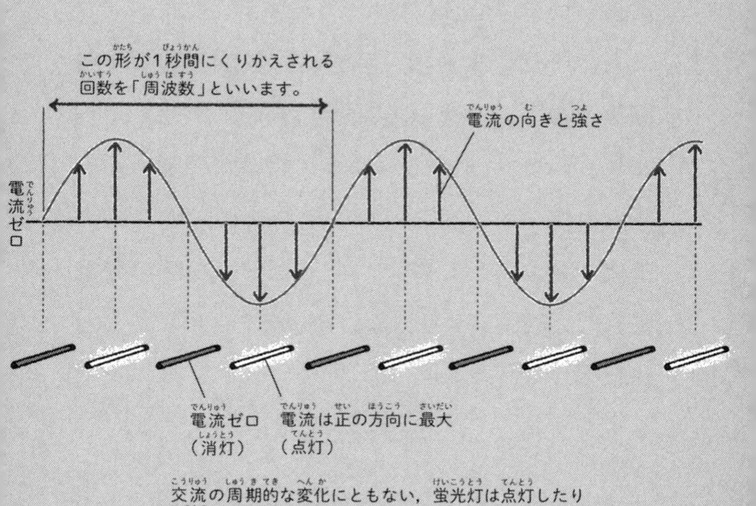

交流の周期的な変化にともない，蛍光灯は点灯したり
消灯したりをくりかえしています。

東日本と西日本で，周波数がことなる

交流電流の周期的な変化が1秒間にくりかえされる回数のことを，「周波数」とよんでいます。周波数の単位はHz（ヘルツ）です。

日本では，東日本と西日本で家庭に届く電気の周波数がことなっています。東日本では50ヘルツ，西日本では60ヘルツの電気が発電所から送られています。これは明治時代に，電力網の整備がはじまった際に，東京はドイツ製の発電機を，大阪はアメリカ製の発電機を採用したことに起因しています。

50ヘルツと60ヘルツの境目は，静岡県の富士川と新潟県の糸魚川あたりとなっているんだ。

memo

コンセントの穴は，左右でちがう

どの家にもあるコンセント。実は，通常のコンセントは，左右の穴の大きさがちがいます。**左が9ミリメートル，右が7ミリメートルと，左は右よりも2ミリメートル長いのです。**

専門的には左の穴を「コールド」，右の穴を「ホット」とよびます。**プラグを刺すと，右のホットの穴に刺さったプラグから電気が流れ，電気製品を動かし，左のコールドの穴に流れていきます。**普通の家電などの場合はプラグをどちらの方向で刺しても動きます。しかし注意が必要な機器もあります。

テレビやパソコン，オーディオ機器など，ノイズをきらう電子機器には，プラグの片方にノイズの原因となる電気を逃すアース機能が備わっていることがあります。その場合，アース機能が備わっているほうに，マークがついていたり，コードに白い線が塗られていたりします。このようなプラグは，正しい向きで使うことで，その機能を発揮するので，コンセントに刺すときには気をつけましょう。

6 「フレミングの左手の法則」で導線にかかる力がわかる

磁石のそばに置いた導線に力がはたらく

磁石のすぐそばに置いた導線に電流を流すと，面白いことがおきます。なんと，導線に力がはたらき，導線が動くのです。

電流が流れている導線には，磁場の向きと電流の向きの両方に垂直な方向に力がはたらきます。**電流・磁場・力のそれぞれの向きは，「フレミングの左手の法則」を使うと簡単にわかります。**中指を電流の向きに，人さし指を磁場の向き（N極からS極へ向かう向き）の向きに延ばし，その上で親指をどちらにも直角になるように延ばします。すると親指がさす向きが，導線に働く力の向きになるのです。そして，中指を電流の向きに，人さし指を磁場の向き（N極からS

6 導線に力がかかる

磁石の磁極の間に導線を置いて電流を流すと，電流の向きと磁場の向きの両方に，垂直な方向に力がはたらきます。電流・磁場・力の向きは「フレミングの左手の法則」で考えるとよくわかります。

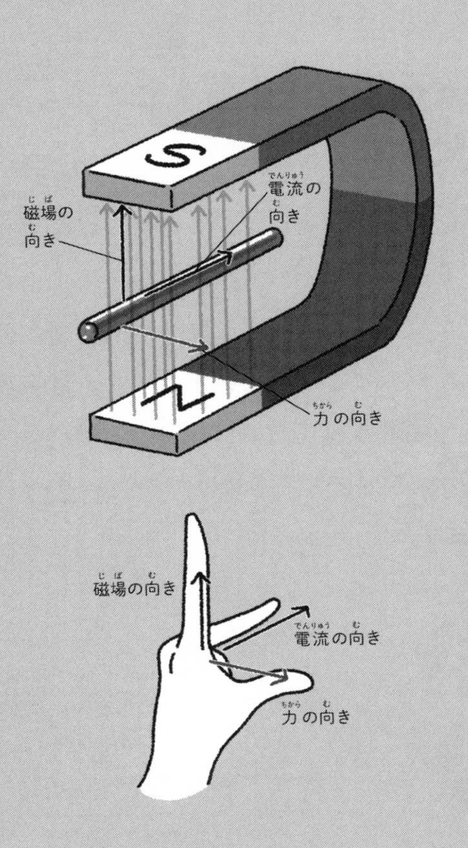

極へ向かう向き）にあわせると，親指がさす向きが導線にはたらく力の向きになるのです。中指，人さし指，親指の順に，「電・磁・力（でん・じ・りょく）」と覚えます。

電子が磁場の中を動くと，力を受ける

実際に力がはたらいているのは，導線中に存在する電子に対してです。微小な粒子にはたらく力がたくさん集まって，結果的に導線が動くほどの大きな力となっているのです。**電子にかぎらず，電荷をもつ粒子が磁場の中を動くと，粒子は力を受けます。この力を「ローレンツ力」といいます。**

ローレンツ力の由来となったのは，オランダの物理学者ヘンドリック・ローレンツ。彼のことは171ページで紹介します。

7 コイルが回転して，モーターができる！

モーターのしくみの基本原理

近年，電気自動車の開発が急速に進んでいます。エンジンを使った従来の自動車との決定的なちがいは，電気自動車はタイヤを回転させる動力に「モーター」を使っているということです。**モーターとは，電気を使って回転などの運動を生む装置のことです。**モーターのしくみの基本原理は，158ページで見た「磁石のそばに置いた導線に電流を流すと，導線に力がはたらく」というものです。

モーターは冷蔵庫やエアコンなど，身近な電気製品にも使われているメー。

電気エネルギーを運動エネルギーに変換

イラストは，モーターのしくみを模式的にあらわしたものです。まず，イラスト1を見てください。磁石の間（磁場の中）にコイルを置いて，ABCDの向きに電流を流します。すると，コイルのABの部分とCDの部分は電流の向きが逆なので，それぞれに逆向きの力がはたらき，コイルは反時計まわりに回転します。**そして，イラスト2の位置をすぎると，コイルの根もとにある「整流子」によって，コイルに流れる電流の向きが，DCBAの向きになります。**ABとCDにはたらく力はイラスト3のようになり，同じ方向に回転をつづけます。こうしてモーターは，電気エネルギーを運動エネルギーに変換しています。

7 モーターのしくみ

モーターが回転するしくみをあらわしました。電流の流れる導線にはたらく力を利用して回転を生みだします。電気エネルギーを運動エネルギーに変換することができます。

1

右図のように，コイルにABCDの向きに電流が流れているとき，導線ABとCDにはたらく力は，それぞれ逆向きになります。その結果，コイルは反時計まわりに回転します。

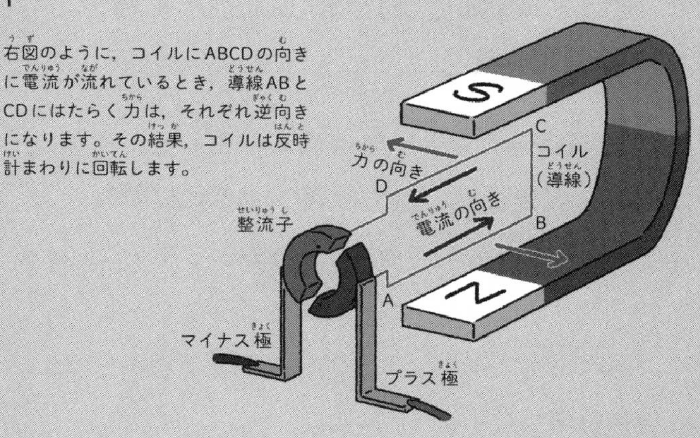

2

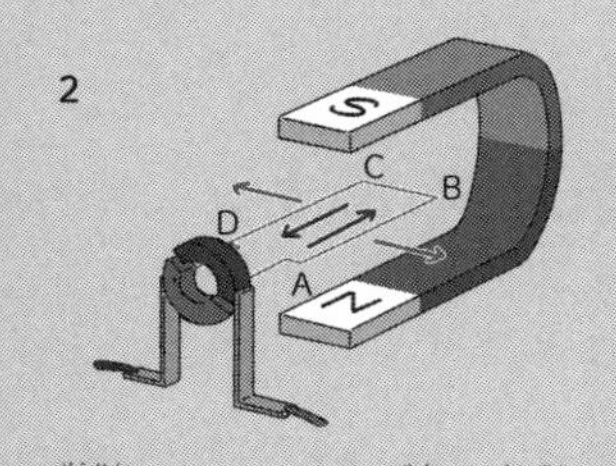

導線がイラスト1から約90°回転したところです。力は，コイルを回転させる方向にははたらきませんが，回転の勢いでそのまま回転をつづけます。

3

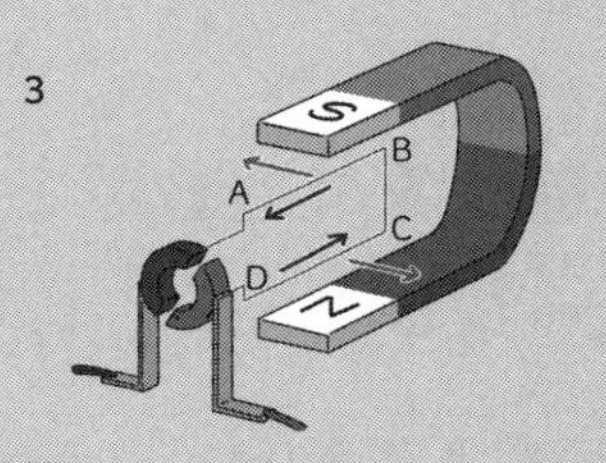

導線がイラスト1から90°をすぎると，整流子のはたらきで，電流がそれまでとは反対のDCBAの向きに流れます。その結果，コイルは同じ方向に回転をつづけます。

8 電気と磁気が光をつくる

電気と磁気を統一的に説明する「電磁気学」

電気は磁気を，磁気は電気を生じさせます。**電気と磁気は，たがいに影響しあうのです。**

イギリスの物理学者，ジェームズ・マクスウェル（1831 ～ 1879）は，別物と思われていた電気と磁気のふるまいを統一的に説明する理論「電磁気学」をつくりあげました。

電磁波の進む速さが光速の値と一致した

交流電流のように向きが変化しながら電流が流れると，周囲には，変化する磁場が生じます。すると今度は，その磁場に巻きつくように，変化する電場が生じます。**その結果，電場と磁場は，たがいに連鎖しながら波のように進んでいきます。**マクスウェルは，この波を「電磁波」と名づけました。

マクスウェルは，電磁波が進む速さを，直接はかるのではなく，理論的な計算によって求めました。すると，その値は秒速約30万キロメートルになりました。これは，当時実験で明らかになっていた光速の値と一致したのです。このことから，マクスウェルは，電磁波と光は同じものだと結論づけました。

マクスウェルは熱力学や天文学の分野でも業績を残しているほか，世界初のカラー写真の作製にも成功しているんだって。

8 電磁波の正体

電流が流れると，磁場が発生します。さらに磁場は電場をつくりだします。こうして，電場と磁場の連鎖が波のように進んでいきます。これが電磁波です。

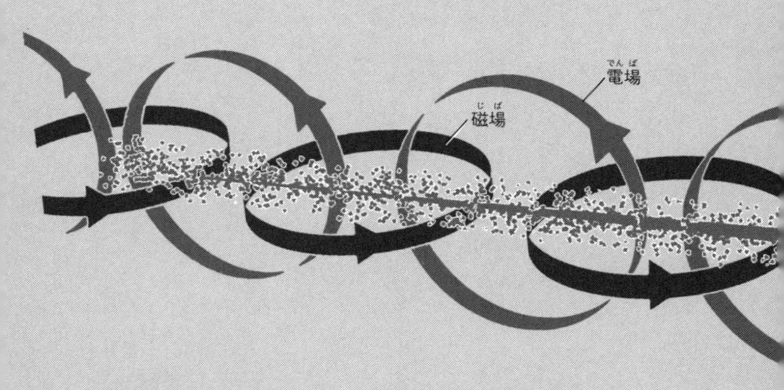

光は，電場と磁場が連鎖して進む，
電磁波の一種なんだメー。

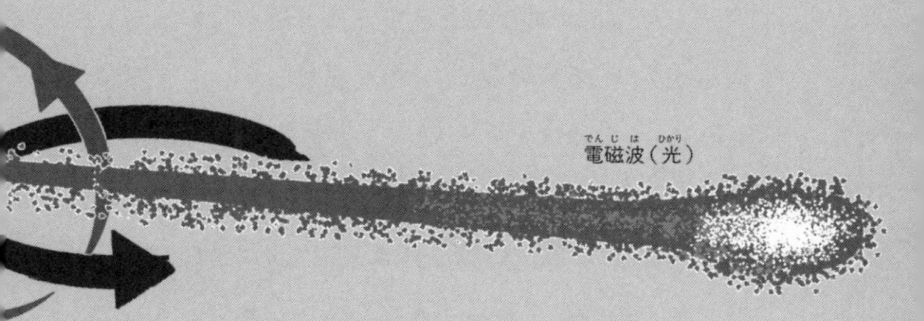

デンキウナギはウナギじゃない

デンキウナギは南アメリカの淡水にすむ，夜行性の肉食魚です。**長さは2メートルをこえ，体中にある「発電器官」から電気を生みだすことができます。**発電器官は板状をしており，その数は50万枚ほどにもおよびます。

デンキウナギの生みだす電気は，近くにいる馬や人間を殺すほどの威力があります。1回の放電は1000分の3秒ほどと一瞬ですが，くりかえし放電して，半径1メートルほどに効果を発揮します。この特殊な能力は，獲物を捕まえるためだけでなく，ワニなどの敵から身を守るため，また仲間どうしでコミュニケーションをとるために使われています。

デンキウナギは，その名前からウナギ（ウナギ目）の仲間だと思われがちです。**しかしなんと，デ**

ンキウナギ目(もく)という，ウナギとはまったく別(べつ)のグループに属(ぞく)しています。デンキウナギは，実(じつ)はウナギではないのです。デンキウナギは，その形(かたち)から，ナイフフィッシュとよばれることもあります。

電磁気学を築いたアンペール

電流の大きさの単位「アンペア」は

電磁気学の創始者のひとりアンドレ・マリ・アンペールの名前にちなんでいる

1775年にフランスで生まれたアンペール。

数字を知らない小さいころから小石やビスケットで計算をしていたという

1820年9月11日、電流を流した導線の近くでは

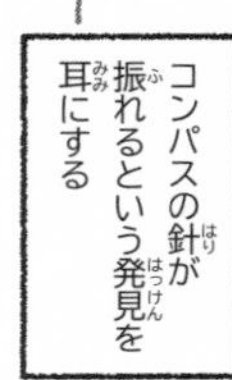

コンパスの針が振れるという発見を耳にする

そこでアンペールは電気と磁気について研究し

右ねじの法則などをまとめて発表した。これが電磁気学の礎を築くきわめて重要な法則となった

ノーベル賞学者，ローレンツ

電磁場中で運動する
荷電粒子が
受ける力を示す
「ローレンツ力」

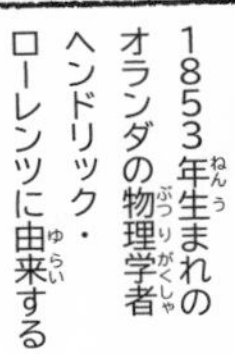

1853年生まれの
オランダの物理学者
ヘンドリック・
ローレンツに由来する

24歳の若さで
ライデン大学の
理論物理学の
教授に就任

電磁気学を研究して
電気と磁気と
光の関係を探った

1902年には
ノーベル物理学賞を
受賞

その業績は
ローレンツ力だけでなく
ローレンツ分布、
ローレンツ変換など
多くの名前に残っている

アインシュタインも
ローレンツの
理論を活用し

「ローレンツは
人生で出会った
最も重要な人物だ」
と語った

第5章

万物をつくる「原子」の正体

私たちの身のまわりにある物質は，すべて原子でできています。原子の正体を探求していくにつれて，ミクロな世界では，それまでの常識では考えられないような現象がおきることがわかってきました。第5章では，原子をつくる「電子」や「原子核」のふるまいなどについて紹介していきます。

1 原子の大きさは1000万分の1ミリ

空気も生物も私たちも原子のかたまり

通常の物質はすべて，「原子」からできています。地球の空気も生物も，すべては原子から構成されているのです。私たち自身も原子のかたまりです。ふだんそうしたことを感じないのは，原子があまりに小さいからです。平均的な原子の大きさは1000万分の1ミリメートルです。地球の大きさまでゴルフボールを拡大したとき，元のゴルフボールの大きさが原子に相当します。

1000万分の1ミリメートルは，ゼロを並べてあらわすと0.0000001ミリメートルとなります。

1 原子の大きさと数

原子の大きさは10^{-10}メートル（1000万分の1ミリメートル）で，地球に対するゴルフボールの大きさが，ゴルフボールに対する原子の大きさと同じです。小さじ１杯（5ミリリットル）の水には水分子（酸素原子１個＋水素原子２個）が，1.7×10^{23}個（17億個の10億倍の10万倍）含まれます。

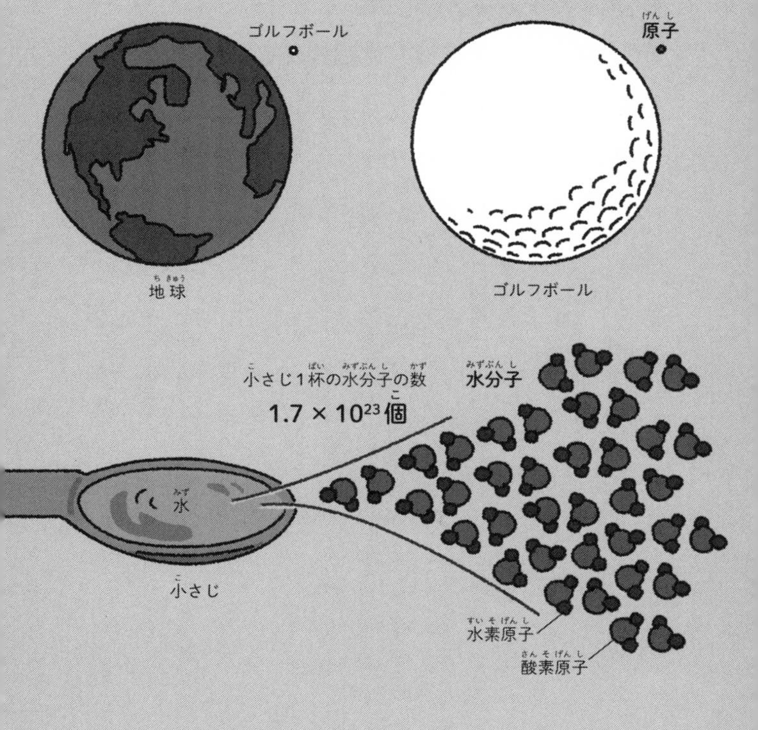

物体には膨大な数の原子や分子が詰まっている

原子が小さいということは，日常目にする物体には，膨大な数の原子や分子が詰まっていることになります。**小さじ1杯(5ミリリットル)の水に含まれる水分子(酸素原子1個+水素原子2個)の数は，1.7×10^{23}個程度です(17億個の10億倍の10万倍)。**

地球の全人口は約70億人。太陽系が属する天の川銀河には1000億個程度の恒星が存在します。この一つ一つの恒星に地球のような惑星があり，地球と同じ数だけ人間が住んでいると仮定しても，7×10^{20}人にしかなりません。小さじ1杯の水に含まれる分子の数は，この数の200倍程度大きいのです。

2 電子の正体は波だった!?

電子は特別な軌道にしか存在できない

原子の中心には，プラスの電気をもった「原子核」があり，その周囲をマイナスの電気をもった「電子」がまわっています。このような原子の姿は，20世紀のはじめに明らかにされました。

ところが当時，この原子の姿には問題があると考えられていました。通常，電子は円運動をすると，電磁波を放出してエネルギーを失うことが知られています。そこで原子核をまわる電子は，次第にエネルギーを失って原子核に落ちてしまうはずだと考えられたのです。この問題に対し，デンマークの物理学者ニールス・ボーアは，原子核をまわる電子はとびとびの特別な軌道にしか存在できず，外側の軌道から内側の軌道に移りかわるときにしか，電磁波を放出しないと考えました。

電子の軌道の長さは，電子の波の波長の整数倍

では，なぜ電子は特別な軌道にしか存在できないのでしょうか。

フランスの物理学者ルイ・ド・ブロイは，「電子も波の性質をもっているのではないか」と考えました。**電子が波の性質をもつと考えると，電子の軌道の長さが電子の波の波長の整数倍であれば，電子の波が軌道を１周したとき，ちょうど波がつながるようになります。**このときが，電子が電磁波を放出しない安定状態だと考えられるのです。

核融合反応で，質量がエネルギーに生まれかわる

　核融合反応では，なぜエネルギーが生じるのでしょうか。核融合反応前の4個の水素原子核の質量の合計と，反応後のヘリウム原子核および反応の途中で生じる粒子の質量の合計を比較すると，反応後のほうが0.7%ほど軽くなります。1905年，アルバート・アインシュタインは，相対性理論によって「$E=mc^2$」という式を示しました。この式は，エネルギー（E）と質量（m）が本質的に同じものだということを意味します。**つまり核融合反応で減った分の質量が，太陽を輝かせるエネルギーとして生まれかわっているのです。**

3 太陽の核融合反応

太陽の内部では，4個の水素原子核が核融合反応をおこして，ヘリウムの原子核がつくられます。反応前後で減少した質量の分が，膨大なエネルギーとして放出されます。

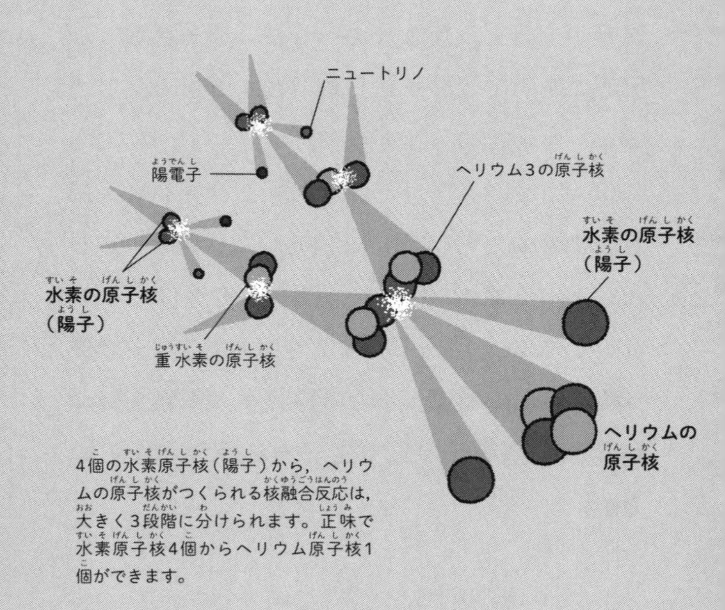

4個の水素原子核（陽子）から，ヘリウムの原子核がつくられる核融合反応は，大きく3段階に分けられます。正味で水素原子核4個からヘリウム原子核1個ができます。

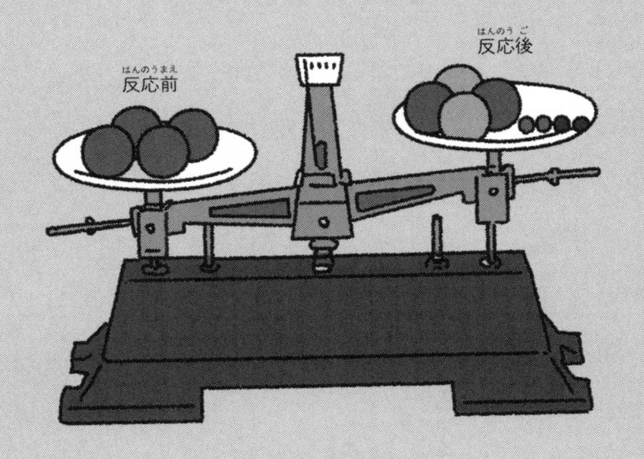
反応前
反応後

4 原子力発電では，ウラン原子核が分裂している

核分裂反応も，膨大なエネルギーを生じる

大きな原子核が分裂する「核分裂反応」も，膨大なエネルギーが生じる反応です。たとえば，ウラン235という原子の原子核は，中性子（原子核を構成する電気的に中性の粒子）を1個吸収すると不安定になり，ヨウ素139とイットリウム95など，軽い二つの原子核に分裂し，膨大なエネルギーが生じます。

このとき，反応の前後で質量の合計をくらべると，反応後のほうが0.08％ほど軽くなっています。**核融合反応と同じように，減った質量の分だけエネルギーが放出されるのです。**

原子炉内では連鎖的に核分裂反応が進む

このエネルギーを発電に利用したのが，**原子力発電です。原子炉内で核分裂がおきる際に中性子が放出され，その中性子がほかのウラン235に吸収されることで，連鎖的に核分裂反応が進みます。**このときに生じるエネルギーによって，熱が生じます。その熱を利用して燃料をとりまく水を沸騰させて高温・高圧の蒸気をつくり，発電機のタービンをまわすのです。

4 原子炉内の核分裂反応

ウラン235の原子核は，中性子1個を吸収すると不安定になり，軽い二つの原子核に分裂します。このときも反応前後で，質量が減少します。それによって生じる膨大なエネルギーを利用したのが原子力発電です。

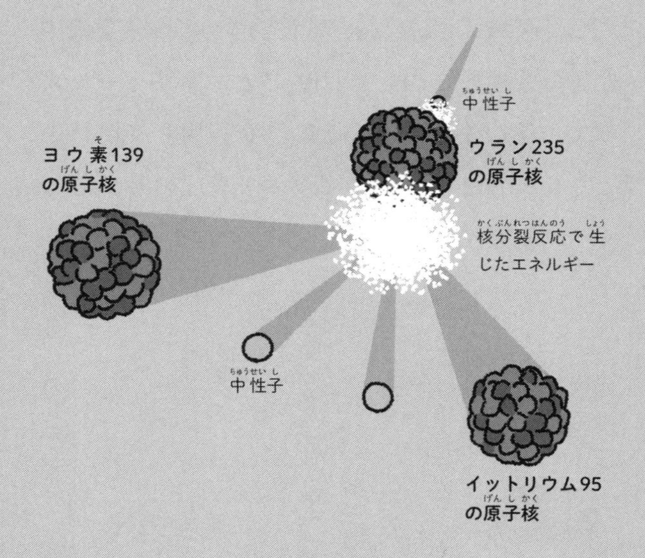

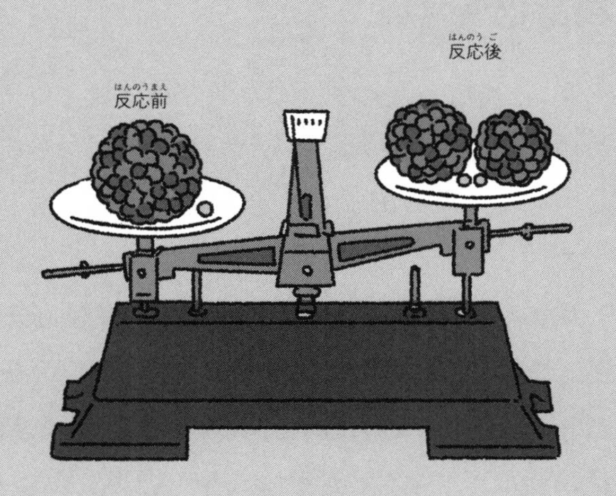
反応後
反応前

5 原子の構造の探究が，「量子力学」を生んだ

観測すると電子の波は瞬時にちぢむ

実は，電子などのミクロな粒子は，波と粒子の両方の性質をあわせもっています。この事実に対して，次のような不思議な考え方があります。

たとえば電子は，観測していないときは，波の性質を保ちながら空間に広がって存在し，光を当てるなどしてその位置を観測すると，電子の波は瞬時にちぢみ，一か所に集中した“とがった波”が形成されると考えるのです。1点に集中したこのような波は，私たちには粒子のように見えます。

ミクロな粒子のふるまいを記述する「量子力学」

ミクロな粒子の波がどのような形をとり，時間とともにどのように変化するのかを導くための方程式を「シュレーディンガー方程式」といいます。たとえば，この方程式を数学的に解くことで，原子内の電子の軌道などを求めることができます。

こうしたミクロな粒子のふるまいを記述する理論を「量子力学（量子論）」といい，現代物理学の根幹をなす理論の一つとなっています。

「シュレーディンガー方程式」はエルヴィン・シュレーディンガーというオーストリアの物理学者が提唱したものだそうだよ。

5 波と粒子の二重性

電子の状態をイラストにしました。観測していないとき，電子は波の性質を保って空間に広がっています(左)。しかし光を当てて観測すると，電子の波は一か所に集中し，粒子として認識されます(右)。

観測前

観測直後

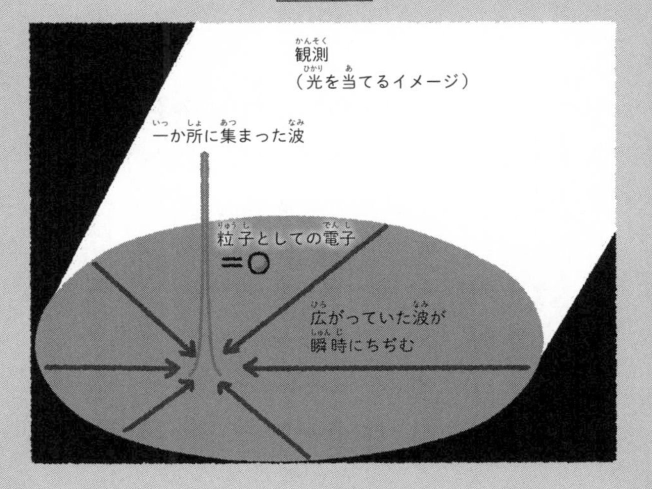

アインシュタインの脳は特別だった？

相対性理論の発表など，物理学で革新的な業績を残したアルバート・アインシュタイン（1879～1955）。彼の死後，その脳は取り出され，分析が行われました。

その結果，脳の前方にあって，何かを推理したり計画したりする「前頭前野」という部位のしわが多い，すなわちこの部分の面積が広いことがわかりました。また，左脳と右脳をつなぐ「脳梁」が同世代や若い男性よりも厚いこともわかりました。これは左脳と右脳で多くの情報がやりとりされていたことを意味します。

さらにくわしい解析の結果，“グリア細胞”という細胞が平均の２倍ほどあることも明らかになりました。グリア細胞は長年，脳の神経細胞をサポートする役割をもつと考えられてきた細胞です。しかし近年，グリア細胞が学習や深い思索にかかわっているのではないかと考えられはじめています。アインシュタインの頭のよさの一端も，グリア細胞にあるのかもしれません。

さくいん

そ

た

ち

て

と

な

主な内容

時間の正体にせまる

時間の正体は，2500年以上前からの謎
時間は，宇宙の誕生とともに生まれたのかもしれない

タイムトラベルを科学する

未来へのタイムトラベルは，実際におきている
ワームホールを使った過去への旅行

心の時計，体の時計

楽しい時間は，あっという間
私たちは，体内時計に支配されている

暦と時計

地球の１年は，365.2422日
１年の長さは，少しずつ短くなっている

Staff

Editorial Management	中村真哉
Editorial Staff	道地恵介
Cover Design	岩本陽一
Design Format	村岡志津加（Studio Zucca）

Illustration

表紙カバー	羽田野乃花さんのイラストを元に岡田悠梨乃，佐藤蘭名が作成
表紙	羽田野乃花さんのイラストを元に岡田悠梨乃，佐藤蘭名が作成
11	羽田野乃花
15	Newton Press，羽田野乃花
18~19	富﨑NORIさんのイラストを元に羽田野乃花が作成
22~25	Newton Press
29	Newton Press，羽田野乃花
31	Newton Press
36~37	Newton Press，羽田野乃花
39	羽田野乃花
42~43	Newton Press
45	羽田野乃花
49~57	Newton Press
59	羽田野乃花
63~67	吉原成行さんのイラストを元に羽田野乃花が作成
71	カサネ・治さんのイラストを元に羽田野乃花が作成
73	羽田野乃花
75~79	Newton Press
80~83	Newton Press，羽田野乃花
84~85	羽田野乃花
90~91	Newton Press
93	Newton Press，羽田野乃花
97	Newton Press
100~101	Newton Press，羽田野乃花
103	羽田野乃花
106~129	Newton Press
131	羽田野乃花
136~145	Newton Press
147	羽田野乃花
149~153	Newton Press
157	羽田野乃花
159~163	Newton Press
166~167	Newton Press，羽田野乃花
169~171	羽田野乃花
175~191	Newton Press
193	羽田野乃花

監修（敬称略）：
和田純夫（元・東京大学大学院総合文化研究科専任講師）

本書は主に，Newton 別冊『学び直し 中学・高校物理』の一部記事を抜粋し，
大幅に加筆・再編集したものです。

ニュートン超図解新書
最強に面白い

2023年6月20日発行

発行人　高森康雄
編集人　中村真哉
発行所　株式会社 ニュートンプレス　〒112-0012 東京都文京区大塚3-11-6
https://www.newtonpress.co.jp/

ISBN978-4-315-52706-3